U0191772

量子科技

科技

领导干部公开课

《量子科技：领导干部公开课》编写组

人民日报出版社
北京

图书在版编目（CIP）数据

量子科技：领导干部公开课 /《量子科技：领导干部公开课》编写组编 . — 北京：人民日报出版社，2021.1

ISBN 978-7-5115-6627-0

Ⅰ. ①量… Ⅱ. ①量… Ⅲ. ①量子论－干部教育－学习参考资料 Ⅳ. ① O413

中国版本图书馆 CIP 数据核字（2020）第 209570 号

书　　名：量子科技：领导干部公开课
　　　　　LIANGZI KEJI：LINGDAO GANBU GONGKAIKE
作　　者：《量子科技：领导干部公开课》编写组

出 版 人：刘华新
责任编辑：蒋菊平　徐　澜
特约编辑：骆叶成
版式设计：九章文化

出版发行：人民日报出版社
社　　址：北京金台西路 2 号
邮政编码：100733
发行热线：(010) 65369527　65369512　65369509
邮购热线：(010) 65369530　65363527
编辑热线：(010) 65369528
网　　址：www.peopledailypress.com
经　　销：新华书店
印　　刷：大厂回族自治县彩虹印刷有限公司
法律顾问：北京科宇律师事务所　010-83622312

开　　本：710mm×1000mm　1/16
字　　数：161 千字
印　　张：16.5
版次印次：2021 年 1 月第 1 版　2021 年 4 月第 2 次印刷

书　　号：ISBN 978-7-5115-6627-0
定　　价：42.00 元

习近平在中央政治局第二十四次集体学习时强调 深刻认识推进量子科技发展重大意义 加强量子科技发展战略谋划和系统布局

当今世界正经历百年未有之大变局，科技创新是其中一个关键变量。我们要于危机中育先机、于变局中开新局，必须向科技创新要答案。要充分认识推动量子科技发展的重要性和紧迫性，加强量子科技发展战略谋划和系统布局，把握大趋势，下好先手棋

总体上看，我国已经具备了在量子科技领域的科技实力和创新能力。同时，也要看到，我国量子科技发展存在不少短板，发展面临多重挑战。我们必须坚定不移走自主创新道路，坚定信心、埋头苦干，突破关键核心技术，努力在关键领域实现自主可控，保障产业链供应链安全，增强我国科技应对国际风险挑战的能力

要系统总结我国量子科技发展的成功经验，借鉴国外的有益做法，深入分析研判量子科技发展大势，找准我国量子科技

发展的切入点和突破口，统筹基础研究、前沿技术、工程技术研发，培育量子通信等战略性新兴产业，抢占量子科技国际竞争制高点，构筑发展新优势。要加强顶层设计和前瞻布局。要健全政策支持体系。要加快基础研究突破和关键核心技术攻关。要培养造就高水平人才队伍。要促进产学研协同创新

各级党委和政府要高度重视科技创新发展，学习新知识，掌握新动态，做好重大科技任务布局规划，优化科技资源配置，采取得力措施保证党中央关于科技创新发展重大决策部署落地见效

新华社北京10月17日电 中共中央政治局10月16日下午就量子科技研究和应用前景举行第二十四次集体学习。中共中央总书记习近平在主持学习时强调，当今世界正经历百年未有之大变局，科技创新是其中一个关键变量。我们要于危机中育先机、于变局中开新局，必须向科技创新要答案。要充分认识推动量子科技发展的重要性和紧迫性，加强量子科技发展战略谋划和系统布局，把握大趋势，下好先手棋。

清华大学副校长、中国科学院院士薛其坤就这个问题进行了讲解，提出了意见和建议。

习近平在主持学习时发表了讲话。他指出，近年来，量子科技发展突飞猛进，成为新一轮科技革命和产业变革的前

沿领域。加快发展量子科技，对促进高质量发展、保障国家安全具有非常重要的作用。安排这次集体学习，目的是了解世界量子科技发展态势，分析我国量子科技发展形势，更好推进我国量子科技发展。

习近平强调，量子力学是人类探究微观世界的重大成果。量子科技发展具有重大科学意义和战略价值，是一项对传统技术体系产生冲击、进行重构的重大颠覆性技术创新，将引领新一轮科技革命和产业变革方向。我国科技工作者在量子科技上奋起直追，取得一批具有国际影响力的重大创新成果。总体上看，我国已经具备了在量子科技领域的科技实力和创新能力。同时，也要看到，我国量子科技发展存在不少短板，发展面临多重挑战。我们必须坚定不移走自主创新道路，坚定信心、埋头苦干，突破关键核心技术，努力在关键领域实现自主可控，保障产业链供应链安全，增强我国科技应对国际风险挑战的能力。

习近平指出，要系统总结我国量子科技发展的成功经验，借鉴国外的有益做法，深入分析研判量子科技发展大势，找准我国量子科技发展的切入点和突破口，统筹基础研究、前沿技术、工程技术研发，培育量子通信等战略性新兴产业，抢占量子科技国际竞争制高点，构筑发展新优势。

习近平强调，要加强顶层设计和前瞻布局。要加强战略研判，坚持创新自信，敢啃硬骨头，在组织实施长周期重大项目中加强顶层设计和前瞻布局，加强多学科交叉融合和多技术领域集成创新，形成我国量子科技发展的体系化能力。

习近平指出，要健全政策支持体系。要加快营造推进量子科技发展的良好政策环境，形成更加有力的政策支持。要保证对量子科技领域的资金投入，同时带动地方、企业、社会加大投入力度。要加大对科研机构和高校对量子科技基础研究的投入，加强国家战略科技力量统筹建设，完善科研管理和组织机制。

习近平强调，要加快基础研究突破和关键核心技术攻关。量子科技发展取决于基础理论研究的突破，颠覆性技术的形成是个厚积薄发的过程。要统筹量子科技领域人才、基地、项目，实现全要素一体化配置，加快推进量子科技重大项目实施。要加大关键核心技术攻关，不畏艰难险阻，勇攀科学高峰，在量子科技领域再取得一批高水平原创成果。

习近平指出，要培养造就高水平人才队伍。重大发明创造、颠覆性技术创新关键在人才。要加快量子科技领域人才培养力度，加快培养一批量子科技领域的高精尖人才，建立适应量子科技发展的专门培养计划，打造体系化、高层次量子科技人才培养平台。要围绕量子科技前沿方向，加强相关学科和课程体系建设，造就一批能够把握世界科技大势、善于统筹协调的世界级科学家和领军人才，发现一批创新思维活跃、敢闯"无人区"的青年才俊和顶尖人才。要建立以信任为前提的顶尖科学家负责制，给他们充分的人财物自主权和技术路线决定权，鼓励优秀青年人才勇挑重担。要用好人才评价这个"指挥棒"，完善科技人员绩效考核评价机制，把科研人员创造性活动从不合理的经费管理、人才评价等体制中解放出来，营造有利于激发科技人才创新的生态系统。

习近平强调，要促进产学研协同创新。要提高量子科技理论研究成果向实用化、工程化转化的速度和效率，积极吸纳企业参与量子科技发展，引导更多高校、科研院所积极开展量子科技基础研究和应用研发，促进产学研深度融合和协同创新。要加强量子科技领域国际合作，提升量子科技领域国际合作的层次和水平。

习近平指出，各级党委和政府要高度重视科技创新发展，学习新知识，掌握新动态，做好重大科技任务布局规划，优化科技资源配置，采取得力措施保证党中央关于科技创新发展重大决策部署落地见效。要发挥宏观指导、统筹协调、服务保障作用，充分调动各方面积极性、主动性、创造性，有力推动重大科技任务攻关，为抢占科技发展国际竞争制高点、构筑发展新优势提供有力支持。

《人民日报》(2020年10月18日01版)

目录

Contents

第一章

> >

认识：
什么是量子科技

量子信息技术研究现状与未来

郭光灿

一、第二次量子革命

1900年Max Planck提出"量子"概念，宣告了"量子"时代的诞生。科学家发现，微观粒子有着与宏观世界的物理客体完全不同的特性。宏观世界的物理客体，要么是粒子，要么是波，它们遵从经典物理学的运动规律，而微观世界的所有粒子却同时具有粒子性和波动性，它们显然不遵从经典物理学的运动规律。20世纪20年代，一批年轻的天才物理学家建立了支配着微观粒子运动规律的新理论，这便是量子力学。近百年来，凡是量子力学预言的现象都被实验证实过，人们公认，量子力学是人类迄今最成功的理论。

作者系中国科学院院士。

我们将物理世界分成两类：凡是遵从经典物理学的物理客体所构成的物理世界，称为经典世界；而遵从量子力学的物理客体所构成的物理世界，称为量子世界。这两个物理世界有着决然不同的特性，经典世界中物理客体每个时刻的状态和物理量都是确定的，而量子世界的物理客体的状态和物理量都是不确定的。概率性是量子世界区别于经典世界的本质特征。

量子力学的成功不仅体现在迄今量子世界中尚未观察到任何违背量子力学的现象，事实上，正是量子力学催生了现代的信息技术，造就人类社会的繁荣昌盛。信息领域的核心技术应用是电脑和互联网。量子力学的能带理论是晶体管运行的物理基础，晶体管是各种芯片的基本单元。光的量子辐射理论是激光诞生的基本原理，而正是该技术的发展才产生当下无处不在的互联网。然而，晶体管和激光器却是经典器件，因为它们遵从经典物理的运行规律。因此，现在的信息技术本质上是源于量子力学的经典技术。

20世纪80年代，科学家将量子力学应用到信息领域，从而诞生了量子信息技术，诸如量子计算机、量子密码、量子传感等。这些技术的运行规律遵从量子力学，因此不仅其原理是量子力学，器件本身也遵从量子力学，这些器件应用了量子世界的特性，如叠加性、纠缠、非局域性、不可克隆性等，因而其信息功能远远优于相应的经典技术。量子信息技术突破了经典技术的物理极限，开辟了信息技术发展的新方向。一旦量子技术获得广泛的实际应用，人类社会生产力将迈入新阶段。因此，我们将量子信息的诞生称为第二次量子革命，而基于量子力学研制出的经典技术，称之为第一次量子革命。量子信息技术就是未来人类社会的新一代技术。

二、量子网络

量子信息技术最终的发展目标就是研制成功量子网络。

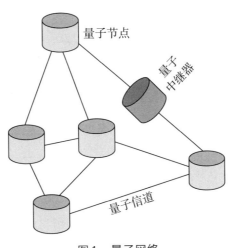

图1　量子网络

量子网络基本要素包括量子节点和量子信道。所有节点通过量子纠缠相互连接，远程信道需要量子中继。量子网络将信息传输和处理融合在一起，量子节点用于存储和处理量子信息，量子信道用于各节点之间的量子信息传送。

与经典网络相比，量子网络中信息的存储和传输过程更加安全，信息的处理更加高效，信息功能更加强大。量子节点包括通用量子计算机、专用量子计算机、量子传感器和量子密钥装置等。应用不同量子节点将构成不同功能的量子网络。典型的有：

表1 各类量子网络

量子节点	量子网络
通用量子计算机	量子云计算网络
专用量子计算机	分布式量子计算网络
量子传感器	量子传感网络
量子密钥装置	量子密钥分配网络

（1）由通用量子计算机作为量子节点，将构成量子云计算平台，其运算能力将强大无比。

（2）使用专用量子计算机作为量子节点可以构成分布式量子计算，其信息功能等同于通用量子计算机。亦即应用这种方法可以从若干比特数较少的量子节点采用纠缠通道连接起来，可以构成等效的通用量子计算机。

（3）量子节点是量子传感器，所构成的量子网络便是高精度的量子传感网络，也可以是量子同步时钟。

（4）量子节点是量子密钥装置，所构成的量子网络便是量子密钥分配（QKD）网络，可以用于安全的量子保密通信。

当然，单个量子节点本身就是量子器件，也会有许多应用场景，量子网络就是这些量子器件的集成，其信息功能将得到巨大提升，应用更广泛。

上述的量子网络是量子信息技术领域发展的远景，当前距离这个远景的实现还相当遥远。不仅尚无哪种类型量子网络已经演示成功，即使是单个量子节点的量子器件也仍处于研制阶段，距离实际的应用仍有着很长的路要走。即便是单个量子节点研制成功，要将若干量子节点通过纠缠信道构成网络也极其困难——通常采用光纤作为量子信息传输的通道，量子节点的量子信息必须能强耦合到光纤通信波长的光子上，该光子到达下个量子节点处再强耦合到该节点工作波长的量子比特上，任何节点之间最终均可实现强耦合、高保真度的相干操控，只有这样才能实现量子网络的信息功能。目前，连接多个节点的量子界面仍然处于基础研究阶段。

至于远程的量子通道，必须有量子中继才能实现，而量子中继的研制又依赖于高速确定性纠缠光源和可实用性量子存储器的研究，所有这些核心器件仍然处于基础研究阶段，离实际应用还很远。

因此整个量子信息技术领域仍然处于初期研究阶段，实际应用还有待时日。

那么，量子信息技术时代何时到来？量子计算机是量子信息技术中最有标志性的颠覆性技术，只有当通用量子计算机获得广泛实际应用之时，我们才可断言人类社会已进入量子技术新时代。

三、量子计算机

电子计算机按照摩尔（Moore）定律迅速发展：每18个月，其运算速度翻一番。

20世纪80年代，物理学家却提出"摩尔定律是否会终结"这个不受人欢迎的命题，并着手开展研究。最后竟然得出结论：摩尔定律必定会终结。理由是，摩尔定律的技术基础是不断提高电子芯片的集成度——单位芯片面积的晶体管数目。但这个技术基础受到两个主要物理限制：一是由于非可逆门操作会丢失大量比特，并转化为热量，最终会烧穿电子芯片，这也是当下大型超算中心遇到的巨大能耗问题的困难所在；二是终极的运算单元是单电子晶体管，而单电子的量子效应将影响芯片的正常工作，使计算机运算速度无法如预料的提高。

但物理学家的研究结果并不影响当时摩尔定律的运行，多数学者甚至认为物理学家是杞人忧天。然而物理学家并未停止脚步，而是着手研究第2个问题：摩尔定律失效后，如何进一步提高信息处理的速度——后摩尔时代提高运算速度的途径是什么？研究结果诞生了"量子计算"的概念。1982年美国物理学家Feynman指出，在经典计算机上模拟量子力学系统运行存在着本质困难，但如果可以构造一种以量子体系为框架的装置来实现量子模拟就容易得多。随后英国物理学家Deutsch提出"量子图灵机"概念，"量子图灵机"可等效为量子电路模型。从此，对"量子计算机"的研究便逐渐引起学术界的关注。1994年Shor提出了量子并行算法，证明量子计算可以求解"大数因子分解"难题，从而攻破广泛使用的RSA公钥体系，量子计算机才开始受到各界的广泛重视。Shor的并行算法是量子计算领域的里程碑。进入21世纪以来，学术界逐渐取得共识：摩尔定律必定会终结。因此，后摩尔时代的新技术便成为热门研究课题，量子计算无疑是最有力的竞争者。

量子计算应用了量子世界的特性，如叠加性、非局域性和不可克隆性等，因此天然地具有并行计算的能力，可以将某些在电子计算机上呈指数增长复杂度的问题变为多项式增长复杂度，亦即电子计算机上某些难解的问题在量子计算机上变成易解问题。量子计算机为人类社会提供运算能力强大无比的新的信息处理工具，因此称之为未来的颠覆性技术。量子计算机的运算能力同电子计算机相比，等同于电子计算机的运算能力同算盘相比。可见一旦量子计算得到广泛应用，人类社会各个领域都将会发生翻天覆地的变化。

量子计算的运算单元称为量子比特，它是0和1两个状态的叠加。

量子叠加态是量子世界独有的，因此，量子信息的制备、处理和探测等都必须遵从量子力学的运行规律。

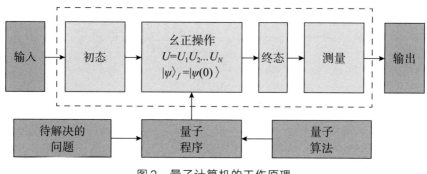

图2 量子计算机的工作原理

量子计算机与电子计算机一样，用于解决某种数学问题，因此它的输入数据和结果输出都是普通的数据。区别在于处理数据的方法本质上不同。量子计算机将经典数据制备在量子计算机整个系统的初始量子态上，经由幺正操作变成量子计算系统的末态，对末态实施量子测量，便输出运算结果。图2中虚框内都是按照量子力学规律运行的。图中的幺正操作（U操作）是信息处理的核心，如何确定U操作呢？首先选择适合于待求解问题的量子算法，然后将该算法按照量子编程的原则转换为控制量子芯片中量子比特的指令程序，从而实现了U操作的功能。

对于给定问题及相关数据，科学家设计相应的量子算法，进而开发量子软件实现量子算法，然后进行量子编程将算法思想转化为量子计算机硬件能识别的一条条指令，这些指令随后发送至量子计

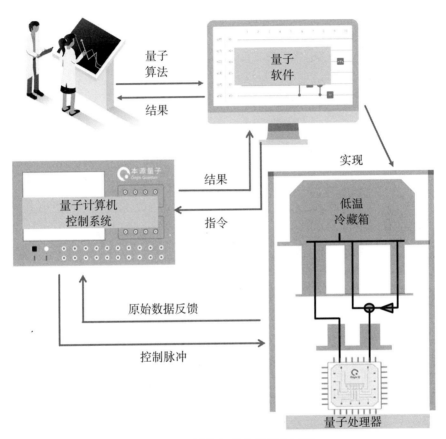

图3 量子计算机的实际操作过程

算机控制系统，该系统实施对量子芯片系统的操控，操控结束后，量子测量的数据再反馈给量子控制系统，最终将结果传送到工作人员的电脑上。

量子逻辑电路是用于实现 U 变换的操作，任何复杂的 U 操作都可以拆解为单量子比特门 Ui 和双量子比特门 Ujk 的某种组合（可拆解定理），Ui 和 Ujk 是最简单的普适逻辑门集。典型的单双比特门如图4

所示。

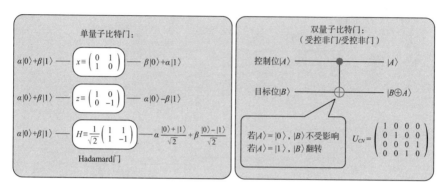

图4 单双量子比特门

基于量子图灵机（量子逻辑电路）的量子计算称为标准量子计算，现在还在研究的其他量子计算模型还有：单向量子计算、拓扑量子计算和绝热量子计算（量子退火算法）等。

量子计算机是宏观尺度的量子器件，环境不可避免会导致量子相干性的消失（退相干），这是量子计算机研究的主要障碍。"量子编码"用于克服环境的消相干，它增加信息的冗余度，用若干物理量子比特来编码一个逻辑比特（信息处理的单元）。业已证明，采用起码5个量子比特编码、1个逻辑比特，可以纠正消相干引起的所有错误。量子计算机实际应用存在另一类严重的错误，这种错误来源于非理想的量子操作，包括门操作和编码的操作。科学家提出容错编码原理来纠正这类错误，该原理指出，在所有量子操作都可能出错的情况下，仍然能够将整个系统纠正回理想的状态。这涉及"容错阈值定理"，即只有量子操作的出错率低于某个阈值，才能实现量子容错。容错阈值与量子计算的实际构型有关，在一维或准一维的模型中，容错的阈值为10^{-5}，在二维情况下（采用表面码来编码比特），阈值为10^{-2}。经过科学家十多年的努力，现在离子阱和超导系统的单双比特操作精度已经达到这个阈值。这个进展极大地激发了人们对量子计算机研制的热情，量子计算机的实现不再是遥不可及的。量子计算机的研制逐步走出实验室，成为国际上各大企业追逐的目标。

量子计算机研制涉及以下关键技术部件：（1）核心芯片，包括量子芯片及其制备技术；（2）量子控制，包括量子功能器件、量子计算机控制系统和量子测控技术等；（3）量子软件，包括量子算法、量子开发环境和量子操作系统等；（4）量子云服务，即面向用户的量子计算机云服务平台。

量子计算机的研制从以科研院校为主体变为以企业为主体后发展极其迅速。2016年IBM公布全球首个量子计算机在线平台，搭载5位量子处理器。量子计算机的信息处理能力非常强大，传统计算机到底能在多大程度上逼近量子计算机呢？2018年初创公司合肥本源量子计算科技有限公司推出当时国际最强的64位量子虚拟机，打破了当时采用经典计算机模拟量子计算机的世界纪录。2019年量子计算机研制取得重大进展：年初IBM推出全球首套商用量子计算机，命名为IBM Q System One，这是首台可商用的量子处理器（图5（a）

和（b））。2019年10月，Google在《*Nature*》上发表了一篇里程碑论文，报道他们用53个量子比特的超导量子芯片，耗时200s实现一个量子电路的采样实例，而同样的实例在当今最快的经典超级计算机上可能需要运行大约1万年。他们宣称实现了"量子霸权"，即信息处理能力超越了任何最快的经典处理器（图5（c）和（d））。

图5　2019年量子计算机的研制取得重大进展
（a），（b）IBM推出的全球首套商用量子计算机IBM Q System One；
（c），（d）Google推出的53个量子比特的超导量子芯片

　　总之，量子计算机的研制已从高校、研究所为主发展为以公司为主力，从实验室的研究迈进到企业的实用器件研制。**量子计算机将经历3个发展阶段。**

（1）**量子计算机原型机**。原型机的比特数较少，信息功能不强，应用有限，但"五脏俱全"，是地地道道地按照量子力学规律运行的量子处理器。IBM Q System One 就是这类量子计算机原型机。

（2）**量子霸权**。量子比特数在50~100左右，其运算能力超过任何经典的电子计算机。但未采用"纠错容错"技术来确保其量子相干性，因此只能处理在其相干时间内能完成的那类问题，故又称为专用量子计算机。这种机器实质是中等规模带噪声量子计算机（noisy intermediate-scale quantum, NISQ）。

应当指出，"量子霸权"实际上是指在某些特定的问题上量子计算机的计算能力超越了任何经典计算机。这些特定问题的计算复杂度经过严格的数学论证，在经典计算机上是以指数增长或超指数增长的计算难度，而在量子计算机上是多项式增长，因此体现了量子计算的优越性。目前采用的特定问题是量子随机线路的问题或玻色取样问题。这些问题仅是 Toy（玩具）模型，并未发现它们的实际应用。因此，尽管量子计算机已迈进到"量子霸权"阶段，但在中等规模带噪声量子计算（NISQ）时代面临的核心问题是探索这种专门机的实际用途，并进一步体现量子计算的优越性。

（3）**通用量子计算机**。这是量子计算机研制的终极目标，用来解决任何可解的问题，可在各个领域获得广泛应用。通用量子计算机的实现必须满足两个基本条件，一是量子比特数要达到几万到几百万量级，二是应采用"纠错容错"技术。鉴于人类对量子世界操控能力还相当不成熟，因此最终研制成功通用量子计算机还有相当长的路要走。

四、量子技术时代的信息安全

量子计算机具有强大的信息处理能力，严重挑战现代密码技术，量子技术时代的信息安全问题便成为人们关注的焦点之一。现代保密通信的工作图如图6所示。

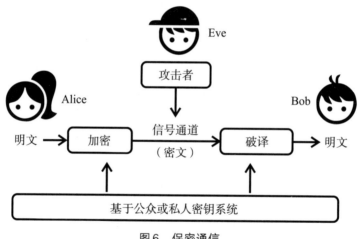

图6　保密通信

Alice将欲发送的明文（数码信息）输进加密机，经由某种密钥变换为密文，密文在公开信道中传递给合法用户Bob，后者使用特定密钥经由解密机变换为明文。任何窃听者都可从公开信道上获取密文，窃听者Eve如果拥有与Bob相同的密钥，便可轻而易举地破译密文。如果窃听者虽不拥有破译的密钥，但他具有很强的破译能力，也可能获得明文。只有当窃听者肯定无法从密文中获取明文，这种保密通信才是安全的。

按照 Alice 与 Bob 拥有的密钥是否相同，保密过程可分为私钥体系（A 与 B 的密钥相同）和公钥体系（A 和 B 的密钥不同，且 A 的密钥是公开的）。

公钥体系是基于复杂算法运行的，其安全性取决于计算复杂度的安全；私钥体系一般也是基于复杂算法，其安全性同样取决于计算复杂度的安全。只有"一次一密"的加密方式（密钥长度等于明文长度，且用过一次就不重复使用），这种私钥体系的安全性仅取决于密钥的安全性，与计算复杂度无关。当前密钥分配的安全性取决于人为的可靠性。

量子计算机可以改变某些函数的计算复杂度，将电子计算机上指数复杂度变成多项式复杂度，从而挑战所有依赖于计算复杂度的密码体系的安全性。唯有"一次一密"加密方法能经受住量子计算机的攻击，这种方案的安全性仅依赖于密钥的安全性。

因此，量子技术时代确保信息安全必须同时满足两个条件：

（1）"一次一密"加密算法。这要求密钥生成率要足够高；

（2）密钥"绝对"安全。当前使用的密钥分配都无法确保绝对安全。

物理学家针对现有密钥分配方法无法确保"一次一密"方案中

所使用的密钥的安全性，提出了"量子密码"方案。这种新的密码的安全性不再依赖于计算复杂度和人为可行性，而仅仅取决于量子力学原理的正确性。

物理学家提出了若干量子密码协议（如BB84），并从信息论证明，这类协议是绝对安全的，这就激励了越来越多科学家加入"量子密码"研究行列。但人们很快就发现，任何真实物理体系都无法达到量子密码协议所需求的理想条件，存在着各种各样的物理漏洞，使得研制出来的实际量子密码系统无法达到"绝对"安全，只能是"相对"安全。虽然可以经过努力堵住各种各样的物理漏洞，甚至提出安全性更强的新的密码协议（如设备无关量子密码协议等），但终归无法确保真实的量子密码物理系统可以做到"绝对"安全。

那么这种相对安全的"量子密码"是否可获得实际应用呢？答案是肯定的。如果能验证真实的量子密码体系可以抵抗现有所有手段的攻击，就可以认定这类"量子密码"在当下是安全的，可以实际应用。

中国科学院量子信息重点实验室长期从事量子密码研究，2005年发明了量子密码系统稳定性的方法，首次在商用光纤实现从北京到天津125km的量子保密通信演示（图7）。2007年发明了量子路由器，在商用光纤网络中实现4节点的量子保密通信（图8）。2009年构造了芜湖量子政务网，演示了量子密码的实际应用（图9）。

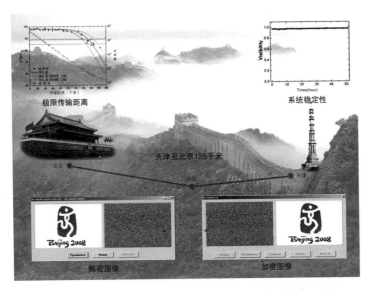

图7 2005年北京—天津125km量子保密通信演示网

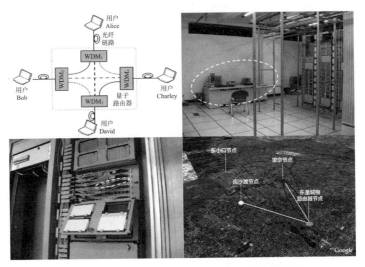

图8 2007年北京4节点量子保密通信演示网

图9　2009年安徽芜湖量子政务网

当前量子密码的研究状况是：

（1）城域（百公里量级）网已接近实际应用，密钥生成率可满足"一次一密"加密的需求，现有各种攻击手段无法窃取密钥而不被发现。当前必须建立密钥安全性分析系统以检查实际量子密码系统是否安全，并制定相应的"标准"。

（2）城际网的实用仍然相当遥远，关键问题是可实用的量子中继器件尚未研制成功。构建量子中继的核心技术是可实用的量子存储器和高速率的确定性纠缠光源，这两种技术尚未取得突破性进展。

（3）经由航空航天器件实现全球的量子保密通信网络，建造这个网络困难重重，除了密钥安全性及高速率的密钥生成器的问题之外，还有如何能实现全天候量子密钥高速分配。国家是否需要建设这种网络应当慎重研究。

总之，量子技术时代解决信息安全有两个途径：

（1）**物理方法**（适用于私钥体系）。不断提高实际量子密码系统的安全性，能够抵抗当下各种手段的攻击，确保密钥的安全性，再加上"一次一密"加密，可以使得私钥体制获得实际应用。

（2）**数学方法**（适用于公钥体系）。寻找能抵抗量子计算攻击的新型公开密钥体系。其原理是，目前无法证明量子计算机可以改变所有复杂函数的计算复杂度，因而可以找到新的不被量子计算机攻破的新型公开密钥体系。当然，量子计算机的攻击能力依赖于量子算法，当前具有最强攻击能力的首推 Shor 算法。如果有比它更强大的量子算法出现，那么这种新型公开密码体系则有可能被攻破，进而促使数学家再去寻找抵抗能力更强的公钥体系。这将导致信息安全从"电子对抗"发展到"量子对抗"。

结论：量子技术时代没有绝对安全的保密体系，也没有无坚不摧的破译手段，信息安全的攻防将进入"量子对抗"的新阶段。

以创新精神探寻量子世界奥秘

薛其坤

　　近年来，量子科技发展突飞猛进，第一次量子技术革命，是从认识量子世界、发现量子效应到发展量子技术应用。信息时代的关键核心技术，如晶体管、激光、硬盘、GPS 等是第一代量子技术的一些例子。目前我们已经进入第二次量子技术革命时代，是通过主动人工设计和操控量子态发展量子技术和应用。量子科技发展具有重大科学意义和战略价值，是一项对传统技术体系产生冲击、进行重构的重大颠覆性技术创新，将引领新一轮科技革命和产业变革方向。有可能是新一轮科技革命和产业变革的前奏。加快发展量子科技，对促进高质量发展、保障国家安全具有非常重要的作用。本文主要从如下三个层次展开论述。首先，介绍一下量子世界的基本概念和我们研究量子世界所需要的一些基本工

作者系南方科技大学校长、中国科学院院士。

具；第二，向大家展示一下量子世界的神奇和微妙；第三，是一些感想和简单的展望。

一、量子世界的基本概念

我们对每天生活的宏观世界都非常了解。描述宏观世界运动规律的物理学分支就是牛顿力学，即牛顿三大定律，其中最重要的是牛顿运动方程F=ma。F是宏观物体受到的力，m是它的质量，a是它的加速度，加速度可以写成宏观物体在某一个时刻的位置×对时间的二阶导数，这是非常简单的微分方程。如果我知道了这个宏观物体在任何时刻受到的力F，通过对简单的微分方程进行积分，就可以得到宏观物体在任何时刻的位置。比如T=0的时刻，一个宏观物体在北京，过一段时间我们来到上海，知道了力的情况，我们就能把每一个时刻这个宏观物体所处位置精确地确定下来。火箭、航天飞机的运动能被精确地控制，主要利用的就是这个运动方程。这个规律告诉我们，从出发点北京到达上海，其运动的轨迹一定是连续的，因为每一个时刻的位置我们都是知道的。

在经典世界还有一个电磁学的经典规律，就是欧姆定律。按照欧姆定律，一根导线中通过的电流与加在导线两端的电压V成正比，与导线电阻成反比。这个电阻会导致导线发热，发热的热量Q等于电流的平方乘以电阻和用的时间 T。导线电阻越大，消耗能量就越多，所以我们一般会选择比较便宜且导电性能比较好的铜做电线。金导电性能很好，电阻非常小，但是金很贵。

到了量子世界，这两个规律就不适用了，其物理量比如说前文我提到的位置不再是连续的变量。比如，电子围绕原子核的轨道就不再是连续的，而是一个一个半径大小不一样的圆。这就像在微观世界，从北京到上海，"电子人"只能出现在济南、南京、上海，不能出现在从北京到济南再到南京的任何一个地方。那这个"电子人"怎么到达上海？通过空间的穿越。这时候牛顿运动方程不再起作用，而是波动方程起作用。

1900 年，普朗克在研究黑体辐射时提出了"量子"概念。"量子"不是通常意义上的一种物质粒子，而是描述微观粒子状态的一个抽象概念。经过爱因斯坦、玻尔、薛定谔、狄拉克、海森堡等物理学家的开创性工作，在 20 世纪 20 年代末，20 世纪三大科学发现之一的量子力学作为一门系统的科学理论正式建立。建立量子力学的物理学家们共收获了四次诺贝尔奖。大家可能熟悉，相对论是科学大师爱因斯坦提出的。他在 1921 年的时候获得了诺贝尔物理学奖，但这个奖不是奖励他在相对论方面的贡献，而是奖励他解释了光电效应。光电效应是一个与大家熟知的太阳能电池等相关的物理现象。爱因斯坦在解释这个效应时首次提出光是量子化的，最小的单元就是一个光子，光波的能量因此是离散的。在量子的微观世界里，很多物理量和操作器件用的参数都和经典世界不一样，会出现一系列奇妙甚至诡异的现象。

比如，电子穿墙术。电子的流动不再遵守欧姆定律，这就像我变成一个微观电子，会穿过铜墙铁壁到外面去却毫发无损，在量子力学上我们称之为电子的量子隧穿现象。这些神奇现象还包括我获得未来科学大奖的内容之一，即量子反常霍尔效应，以及超导、超流，等等。超流不遵守一般的流体运动规律，它没有黏附力。如果用超流的液氦做一个游泳池，我在里面永远不能移动。当然我可以摆手，但是我的质心、我的位置永远停在某个地方，因为没有摩擦力。如果放一个圆盘让它转起来，在超流液氦里它会永远不停地转下去。

二、研究量子世界的"金刚钻"

人们已经用奇异的量子现象做出了强大的实验工具。1981年，瑞士IBM苏黎世研究实验室的两名科学家格尔德·宾宁和海因里希·罗雷尔，利用电子的量子隧穿效应发明了扫描隧道显微镜（STM），5年之后的1986年他们获得了诺贝尔物理学奖。这个扫描隧道显微镜给我们提供了观察微观世界最明亮的眼睛，我们可以看到原子。中国有句古话，想揽瓷器活，必须有金刚钻。微观世界很小，大部分情形看不见、摸不着，你想研究微观的量子世界，必须有合适的工具，扫描隧道显微镜就是这样一个工具，它依据的原理就是非常诡异的电子穿墙术。

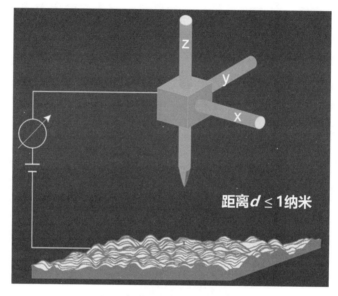

图1　扫描隧道显微镜示意图

图1是扫描隧道显微镜的示意图。上面有一个探针，是导电的，下面是研究物体，也是导电的。我把探针和研究物体连起来加上一个电压，如果探针前端和研究物体不接触，即断路的情况下，就没有电子的流动。但如果探针最前端到研究物体表面的距离缩小到1纳米或以下时，电子就会穿越真空（断掉的空间相当于铜墙铁壁）到达下面的研究物体。电子开始有流动了，而且电流与针尖和研究物体之间的距离成指数关系——距离每变化0.1纳米，电流会变化一个

量级以上。当探针在物体表面上扫描时，如果这个地方缺一个原子，探针和研究物体表面的距离就会变大一点点，电流马上戏剧性地降低；如果扫描的那个地方多一个原子，探针和研究物体表面的距离会变小一点点，电流会增加很多。根据电流的变化，我们就可以精确地探测到物体表面微小的起伏变化。

扫描隧道显微镜利用的就是电子穿墙术这一非常神奇的量子现象。我们用这个仪器可以看到物体表面上的一个个原子，知道它们是怎么排列的。我们还可以把原子像建房子的砖头一样随意地摆来摆去。1989年，美国IBM的Donald Eigler博士用35个氙原子拼出了"I、B、M"三个字母（最小的字符），还用48个铁原子拼出了非常漂亮的圆。STM是开创纳米时代非常重要的科学和技术研究工具，也是我的主要实验工具之一。

信息技术高速发展到今天，最根本的基础之一就是材料。只有做出高质量的半导体材料，我们才能在量子世界有所作为。如果材料不可控，我们的研究就会变得不可控，电子器件的性能也会变得不可控。半导体材料到底多纯才算纯？99%？99.9999%？在量子世界，我们追求材料的纯度是无止境的。这是1998年的一个数据，说明了集成电路用到的硅材料，其导电性随着它杂质浓度变化的情况。

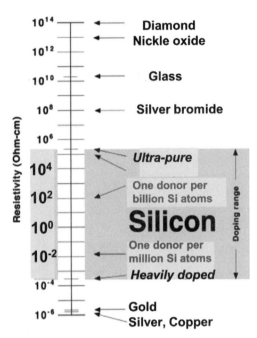

图2　Queisser and Haller，Science 1998

每10亿个硅原子一个杂质，电阻率由10^5 to 10^2 $\Omega\cdot$cm，3000倍的电阻变化

　　10亿个硅原子排列成晶体，如果中间不小心有一个杂质，相对于绝缘的硅，其电阻会变化三个量级，达到3000倍的变化。这要求我们研究量子世界时对材料的控制要达到非常高的精度，这需要非常强大的制备量子材料、探索量子世界的实验工具。这方面我非常熟悉的工具之一就是分子束外延技术（MBE）。MBE是20世纪70年代由出生于北京的华人物理学家卓以和先生和他的同事J.Arthur先生在美国贝尔实验室发明的。我在写一篇科普文章时曾引用过战国辞赋家宋玉的一句话："增之一分则太长，减之一分则太短，著粉则太

白，施朱则太赤。"量子世界多一个原子嫌多，少一个原子嫌少。用分子束外延技术可以在量子世界大有作为，我们可以做出最高质量的薄膜样品，做到化学成分的严格可控。

我从1992年开始学习扫描隧道显微镜和分子束外延技术，20多年来一直在这个领域里学习、探索并有所发展，后来我还学习了使用另一个强大的工具——角分辨光电子能谱（ARPES）。把这三种非常顶尖的技术在超高真空里结合，就有了超高真空MBE-STM-ARPES联合系统这一更强大的武器，我们研究量子世界时便有了金刚钻。利用分子束外延技术，我们对研究的材料样品达到了原子水平的控制。我们还知道它是否达到了我们想要的结果，因为有最明亮的眼睛——扫描隧道显微镜，而且材料的宏观性质可以用角分辨光电子能谱进行测量、判断。

三、量子霍尔效应的概念

有了强大的武器，作为一个科学家你要做什么呢？我希望用最强大的武器攻克最难的科学问题。2005年，我选择了凝聚态物理中非常重要的两个方向，即拓扑绝缘体和高温超导。

让我们回顾一下过去。1879年，美国物理学家霍尔发现了霍尔效应，就是在磁场下，材料的霍尔电阻随着磁场变大会线性增加的效应。你加的磁场越大，电阻会越大，这叫霍尔效应，它是外加磁场造成的。如果把这个材料换成一个磁性材料，材料本身的磁场也会产生霍尔效应，因为它不需要外加磁场，原理不一样，这叫反常霍尔效应。这是霍尔在一年多时间里发现的两个重要现象。1980年，德国物理学家冯·克利青在研究集成电路硅器件时发现了整数量子霍尔效应，这个效应再次展现了量子世界的奇特。

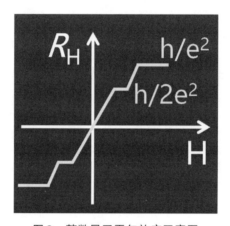

图3　整数量子霍尔效应示意图

如图3所示，刚开始整数量子霍尔效应和霍尔效应一样，是线性变化，磁场越大，霍尔电阻越大。但是，当磁场达到一个值的时候出现了一个平台，在这个平台上，霍尔电阻随磁场不发生任何变化。霍尔效应不是一个经典、正确的真理吗？怎么在这个平台上电阻不发生变化了呢？这就是量子世界的奇特之处。更加奇特的是，这个平台对应的霍尔电阻的值，是一个物理学常数（普朗克常数除以电子电荷的平方）乘以一个正整数。这太奇怪了，为什么呢？每换一个材料，它的所有性质就会发生变化，比如，电阻、比热、比重、硬度等都会发生变化。但在这个平台上，霍尔电阻只与物理学常数和正整数有关，换任何一个材料其大小都完全一样。这说明该现象背后一定对应着一个非常广泛和普适的规律，跟材料没有关系。你能举出任何一个性质跟材料没有关系的例子吗？它在这里出现了。德国科学家冯·克利青因为整数量子霍尔效应的发现获得了1985年的诺贝尔物理学奖。包括华人物理学家崔琦先生在内的三位美国物理学家因为发现分数量子霍尔效应获得了1998年的诺贝尔物理学奖。英国科学家安德烈·海姆和康斯坦丁·诺沃肖洛夫因为在2005年发现了石墨烯中的半整数量子霍尔效应，获得了2010年的诺贝尔物理学奖。

量子霍尔效应涉及一个基本的参量——物理量，就是磁场，只有加磁场才会出现这个平台，出现量子霍尔效应。这个磁场非常大，要10个特斯拉左右。产生这个磁场所需的仪器比人还高，造价几百万人民币，所以要达到量子霍尔态需要非常昂贵的仪器。前面我讲的是霍尔电阻出现了量子化，但是欧姆电阻在量子霍尔态下等于零。欧姆电阻会造成器件发热，如果处在量子霍尔态时欧姆电阻变成零的话，这不是开创了一个发展低能耗器件、发展未来信息技术非常好的方向吗？但是，昂贵的强磁场仪器使其很难投入实际应用。

你自然会问，前文提到了反常霍尔效应，它不需要外磁场，材料本身的磁场就能造成霍尔效应，能不能实现反常霍尔效应的量子化？2013年，我们清华大学的团队与中国科学院物理研究所以及斯坦福大学张首晟教授合作，一起在反常霍尔效应的量子化上做出了重大的实验发现，证实了量子反常霍尔效应。

四、量子反常霍尔效应与超导现象

我们回想一下，在发现霍尔效应的19世纪末，我国正处在半殖民地半封建社会，基本上没有现代的科学研究。在发现量子霍尔效应的20世纪80年代，我国开始了改革开放，但那时我们在高级实验技术方面还比较缺乏，没能赶上量子霍尔效应研究的大潮。2013年，我国经过30多年的改革开放，再加上国家对科学的重视以及对科学技术投入的增大，我们才有了科学利器做出这样的成果。

2016年的诺贝尔物理学奖，授予了在1983年提出拓扑相变和拓扑物态理论的三位科学家。在10月4日诺贝尔评奖委员会的详细介绍中，把量子反常霍尔效应作为拓扑物质相最重要的发现写进去了。虽然量子反常霍尔效应不是沿着当时的理论框架做出来的，但这次它作为最重要的拓扑物质相或者拓扑物质态被写在上面，说明我们的实验工作已经达到这个水平，也可以说我们的实验发现大大地推动了理论科学家拿到诺贝尔奖。

2005年，我的实验室已经有了非常好的技术条件，这时候，华人物理学家张首晟和其他美国物理学家直接把拓扑物质相的材料实现方法，在20世纪80年代的工作基础上，通过另一个途径提出来了。他们从理论上发现了拓扑绝缘体以及磁性拓扑绝缘体。什么是拓扑绝缘体？拓扑绝缘体也是一种很神奇的量子现象，它就像一个陶瓷碗上镀了一层非常薄（大概1纳米厚）的导电金膜。有意思的是，这个金膜你弄不掉。你把这层金膜用刀刮掉，它马上会自发地产生新的金膜。你把它打成碎片也没用，它还是存在。除非把这个材料彻底分解变成原子，否则这一层金膜会永远像鬼一样附在陶瓷碗表面。磁性拓扑绝缘体则更神奇，通过在材料中引入磁性，会自动去掉陶瓷碗大部分的金膜，只剩下边缘部分，但边缘上的金膜也是去不掉的。

人有很多机遇，有好朋友非常重要。2005年这一理论提出时，我们并没有特别关注。2008年我们进入这个领域，是因为意识到它非常适合我们的分子束外延技术。我们有好的实验技术和20多年的积累，因此很快做出了成果。我的好朋友张富春教授在2009年6月组织了新前沿科学方向的拓扑绝缘体论坛，邀请我去介绍我们的初步结果。正好张首晟也在这个会议上——他一直在寻找合适的实验合作者。因为这次会议，我们两个人在理论和实验上建立了密切的合作，最后成功证实了量子反常霍尔效应。

2008年，我们建立了精确控制化合物拓扑绝缘体化学组分的分子束外延生长动力学；2009—2010年，我们证明拓扑绝缘体表面态（即前文讲到的那层金膜）受时间反演对称性保护和具有无质量狄拉克费米子特性；2011—2012年，我们制备出前文谈到的磁性拓扑绝缘体；2012年10月，我们发现量子反常霍尔效应，12月完成所有实验，2013年4月发表相关成果。

量子反常霍尔效应最大的挑战是要制备出有磁性的、有拓扑性质的、绝缘的薄膜，而这三种性质对薄膜厚度的要求既相互关联，又无法用函数准确描述，显得不可测，导致我们不知道薄膜该多厚。这就好比要求一个人既像博尔特跑得那么快，同时还要非常有力量并拥有体操运动员的技巧。

此外，还有其他挑战。我们为了进行量子反常霍尔效应的测量（用宏观电子设备进行测量），需要在1厘米见方的物体上生长5纳米厚且非常均匀的薄膜。这首先是个技术活、工匠活，它相当于做一张200公里见方的A4纸。我们把A4纸做得很均匀没问题，甚至把A4纸做得像房间这么大并且很均匀，也没问题。但是做出像北京市这么大面积的A4纸，而且门头沟区和朝阳区的厚度完全一样，这就不容易了。我们用分子束外延技术克服了一系列挑战，做出了这个材料。

由于一系列的挑战，即便我们起点非常高，仍然花了四年多时间才证实了量子反常霍尔效应。从2010年到2011年，一年之内霍尔电阻几乎是零，样品全部是导电的。我们要实现的量子化霍尔电阻是 h 除以 e^2，它对应的电阻值是 25812 欧姆。功夫不负有心人，由于我们的坚持，2012 年 10 月 12 日那天转机出现了。那一天因为实验没有进展，我情绪不好，提早回家了。22 点 35 分，我刚停下车，学生的短信就来了："薛老师，量子反常霍尔效应出来了，等待详细测量。"郁闷一下子消失得一干二净，我兴奋得一晚上没有睡着觉。当时测量的温度是 1.5K，后来我找到以前在中国科学院物理所工作时的同事吕力老师，他有温度低到几十毫 K 的仪器。把我们的材料放到这个仪器里测量，两个月之后实现了量子化。我当时比较有信心，知道某一天会实现目标，就提前买了瓶非常好的香槟酒。那天，所有实验完成后，团队所有成员一起照了张相。学生们虽然用的是纸杯，但里面装的是 Dom Perignon——最好的香槟。

量子反常霍尔效应是不需要外加磁场的量子霍尔效应，它提供了一个不需要外加磁场的欧姆电阻等于零的信息高速公路。我们平常的电子器件，像晶体管，如果变得非常小，那里的电子就会像交通拥挤路口的汽车一样。处在量子反常霍尔效应里的电子，则会像高速公路上的汽车一样按照自己的轨道勇往直前，不走回头路。所以，量子反常霍尔效应为未来信息技术的发展提供了全新的原理，我们可以据此造出低能耗的量子器件，还可以用它和超导一起做量子计算。

超导现象也是非常奇特的量子现象，1911 年由荷兰科学家海克·昂内斯发现，两年后他因这个重大发现获得了诺贝尔物理学奖。大部分材料降温的时候电阻会一直下降，但绝大部分材料即使降到绝对零度，依旧剩有一点电阻。某些材料降到某个特定的温度（转变温度）时，电阻会变成零，这就是超级导电即超导。在这里，欧姆定律不适用了，而且它有完全的抗磁性。如果我们用超导体做一个圆环，通上电，一直使它处于超导态，这个电流会永远地流下去。因为电阻等于零，按照欧姆定律，产生的热量也等于零，发热的问题就解决了。

如果在室温下实现了超导，意味着电子器件一旦供上电就几乎永远不用管它。室温下的超导将和电的发明一样重要。科幻电影《阿凡达》里的高山实际上就是室温下的超导体，所以它可以浮起来。导线没有电阻了，所有的电子器件和输电线路，都会大大地降低能耗。对超导领域的研究曾5次获得诺贝尔奖，分别是1913年、1972年、1973年、1987年和2003年。

超导研究总体的路径，就是怎么提高材料达到超导状态的温度。大部分材料达到超导状态，需要非常低的温度，一般是液氦温度（4K）以下。如果材料工作在液氦温度，制冷要耗费非常大的能量。77K是一个非常重要的温度点，它是液氮沸腾温度。现在我们已经找到了77K温度下可以实现超导状态的材料，把材料泡到液氮里，就能实现综合的应用。液氮很便宜，每升4块钱，相当于两瓶矿泉水，这就有经济价值了。如果还是只能用液氦，液氦每升100块钱，一般仪器每天要用 10 升，那就是 1000 元钱，相当于你的仪器每两天喝一瓶茅台，这就用不起了。提高超导转变的温度，是超导专家梦寐以求的目标。1986 年，瑞士苏黎世 IBM 研究实验室的德国物理学家柏诺兹与瑞士物理学家缪勒发现了超过 77K 温度的高温超导现象，赢得了第二年（1987 年）的诺贝尔物理学奖。但是，高温超导现象的科学机理是什么？30 多年过去了，该领域成千上万的物理学家提出了很多理论、模型和想法，大部分非常有意思，但是互相矛盾，这个问题到现在还没解决。

　　2008 年的时候，我刚刚了解一点高温超导。忽然有一天，我产生了一个想法，能不能用中国鱼与熊掌兼得的策略，解释 77K 温度下的超导现象？但是我不确定，因为我对高温超导了解得不多。我邀请了两个好朋友，北京大学的谢心澄老师和当时在香港大学工作的张富春老师，并选择 6 月 6 日这个比较吉利的日子向他们汇报我的想法。当时报告的封面写着"Joke or Breakthrough"——究竟这是个可能出现的突破，还是一个笑话？听完后，他们说想法可能很好，但没有实验证据没人相信，因为这个想法有些离奇。后来我们又花了四年时间，2012 年在《中国物理快报》发表了鱼与熊掌兼得的成果：在 SrTiO3 衬底上成功生长出了 FeSe 薄膜，并在单层 FeSe 薄膜中发现可能存在接近液氮温度（77K）的超导转变迹象。我们制备出的材料质量非常高，而且有一个非常大的超导能隙。后来的很多实验都表明，这是继 1986 年发现 77K 以上的铜酸盐氧化物后又一个高温超导物质。虽然还需要进一步证实，但我们确实开创了一个新的前沿。

五、生命不息、想象不止、追求无涯

量子反常霍尔效应和高温超导这两个成果的获得，我有以下几点体会：第一，要有高超的、甚至炉火纯青的实验技能；第二，作为优秀的物理学家，要有优秀的学术前沿把握能力，率领团队进行攻关；第三，刻苦的工作作风；第四，因为牵扯到不同的测量，你需要拥有优良的团队精神；最后，要想做更重要的追求科学皇冠上明珠的科学家，你要有敢于创新的魄力和勇气。虽然我当时挑战权威的理论想法最后没有完全被证实，但是，敢于从现有的知识范围内产生一些完全创新的思想，还是要有点勇气的。否则，你可能被大腕们打下去，然后精神就起不来了。当然，这要建立在前面四项的基础上，没有功底和水平，光有勇气，这不是胆大妄为就是无知无畏。

我用本文跟大家展示了量子世界是多么奇妙，以及它对我们未来的技术与国家的经济发展将起到的重要作用。最后我做一下展望：量子世界一定还存在许多未知的奇妙现象，这些奇妙甚至诡异的现象可能远远超出我们的想象力。但是，只要我们敢于想象、乐于好奇、善于挖掘，也许若干年后它们就会华丽转身，出现在灯火阑珊处，甚至会造福于我们，使我们的技术产生变革，使我们国家的科技变得更加强大，甚至使人类的生活变得更加美好。所以，我们生命不息、想象不止、追求无涯！

从爱因斯坦的好奇心到量子信息科技

潘建伟

01

如果从爱因斯坦的好奇心讲起，将会延伸到最近这些年来发展的一个新技术，叫作量子信息科学或者量子信息技术。

下面将要讲到的一些具体内容，大家不一定能完全理解，但请记住两条信息，这是整篇文章的核心。

第一，目前的科学理论是，我们的世界不是决定论的。

第二，有了这样的新理念之后，可以用来做很多有趣的事情。

作者系中国科技大学常务副校长，中国科学院院士。

02

让我们从爱因斯坦的一个观点开始。

爱因斯坦是历史上最伟大的科学家之一，他有一个信念，上帝是不掷骰子的。这句话是什么意思呢？

学过牛顿力学的人都知道，粒子的运动状态是可以精确预言的。比如，卫星发射之后，可以计算卫星什么时候会经过我们的头顶。那么，如果把这个问题进一步延伸，就会引出决定论的概念。

也就是说，一切发生的事情都是之前就决定的。这相当于我们看一部电影的时候，尽管还没有看到电影结尾，但我们已经知道这个电影有结尾了，你的任何行为是改变不了什么的。

可能有些人看过科幻片《西部世界》，里面有一位女士，她其实是一个机器人，她认为自己是有自主意识的。但事实上，她的每一个举动都是由后台程序所设定的，下一时刻要做什么、说什么，其实很早就被确定好了。

但我们内心深处其实是不相信牛顿力学这个结论的，所以霍金讲过一句话："即使是相信一切都是上天注定的人，在过马路的时候也会左右看一看，以免被车撞到。"

现在我们提两个问题：第一，这个世界到底是决定论的，还是本质上是不确定的，以至于允许我们有自主意识？

第二，如果本质上是不确定的，那如何从物理学上证明这一点？

03

我们先来做一个实验。

有一条缝，光源照过去，会形成一个强度分布，中间最亮，两边慢慢变暗。这个实验很简单，我们每天都可以重复做，拿手电筒一照就可以了。但是有些科学家说，如果把光的强度进一步减弱，会有什么样的结果呢？

我们重复做这个实验，把光源不停地减弱，结果在屏幕上发现，在每个确定的时刻，看到一个点、一个点出现。实验重复了很多次之后，这些点的分布组成了中间最亮两边对称明暗条纹相间的单缝衍射图。但是单次实验当中出现的是一个点，这就引出了所谓的单光子概念。后来的科学告诉我们，其实光是由很多小颗粒组成的；这些小颗粒就是光能量的最小单元，叫作光量子。

量子的概念最早是普朗克提出来的。从某种意义上来讲，普朗克应该算是旧量子力学的祖父，爱因斯坦和玻尔是旧量子力学之父，他们又是新量子力学的祖父，而海森堡、薛定谔和狄拉克等则建立了新量子力学——真正有方程去求解的量子力学。

有了这个基本概念之后，再来做一个双缝实验。

第一次只开左缝，会看到集中在左边的很多小点，最后的分布就是高斯分布。我再打开右缝，又看到很多小点，也是高斯分布。得出这样的结果后，我们可以问一个问题：如果两条缝同时都打开的话，应该看到什么现象呢？

按照我们通常的观念，首先，单光子是不可分割的，单次的过程当中，应当从某一条缝过去。左缝过去的光子应该不受右缝的影响，两条缝都打开的时候，应该是一种简单的概率叠加。最后同时开双缝的时候，应该也是高斯分布。

而实验情况跟逻辑分析的结论是不是一致呢？

如果两条缝都打开，屏幕上光子数目越来越多的时候，会出现干涉条纹。但这不是波的现象吗？因为经典的电磁波、水波、声波里面都有非常明显的干涉现象——波峰+波峰就是干涉增强，波峰+波谷就是干涉相消。如果按照经典物理学，光是电磁波的话，那么有干涉现象是非常正常的。

现在的问题是，为什么不可分割的粒子表现得也像波一样呢？按理是强度叠加，怎么变成了这么一种干涉的叠加了呢？

在量子力学里面，按照玻尔和海森堡的观点，首先光子确实是一个粒子，但是它在自由飞行的时候，光子状态是由波函数来描述的。在探测到光子之前，光子没有一个确定的位置。波函数告诉我们的信息只是，在某一个点上探测到光子的概率是波函数的模平方；

通过双缝之后，波函数的干涉就会影响光子出现的概率分布，就类似于经典波干涉一样。他们认为在自由飞行的时候，波函数本身代表一个光子，光子在各个地方都同时存在。

按照他们的观点，最后在屏幕上探测到光子的时候，光子就会坍缩成一个点，随机地出现在某个地方。

重复实验多次，最后的结果告诉我们，单光子像波一样，是同时通过两条缝，但是光子的位置是完全不确定的，是随机出现在屏幕上某一点，而出现在某个点的概率，是由两个波函数相干叠加决定的。

再重复实验，我们就能够看到干涉条纹，但是单次的过程当中，它都是一个光子，并且可以出现在很多地方。因为实验中看到了干涉条纹，量子力学就用波函数的形式来解释这个现象。

爱因斯坦却并不满意这种理论。他说，如果你看到了干涉条纹，我们只能认为光子同时通过两条缝，但是如果我一定要坚持，一个光子是一个颗粒，只能通过某一条缝，那么我是不是应该做实验看一下，光子到底从哪边过去的？

我们又做了一个实验：在每条缝后面放一个小小的原子，光如果从左边过去，跟原子轻轻碰撞一下，通过测量原子反冲的动量，我们就可以知道光子是从左边过去的；如果右边的原子被撞了一下，我们就知道光子是从右边过去的。所以如果想去探察光子的路径，在每次实验当中，我们只要看哪一边的原子会反冲一下就知道了。

这个实验证明，光子确实是通过某一条缝过去的。

但现在我们就遇到麻烦了，当我们知道光子从哪一条缝过去的时候，干涉条纹就消失了，又变成了概率的叠加。

最后，总的结果是这样的：如果知道光子路径的话，就没有干涉条纹；如果出现了干涉条纹，那么我们的实验是没有办法来判断光子路径的。这就是我们遇到的困境。

04

遇到这种困境之后，两种观点就开始争论了。

爱因斯坦相信上帝不掷骰子，他觉得我们应该有一个确定规律可以算出来每次光子究竟是从哪条缝过去的。玻尔则说，你不要告诉上帝他能够做什么，上帝自己可以决定他能够做什么。

玻尔的观点是，光子的路径在没有测量之前是不确定的。它的路径到底怎么样，取决于你有没有去看它。你去看的话，它就在某一条路径上；你没有看，就是在两条路径上，处于通过左缝和通过右缝的相干叠加。

但爱因斯坦认为，光子的路径是可以预先确定的，只不过现在的量子力学还未能深入描述其本质，没有掌握真正的自然界规律。

其实可以设计一个隐变量，让光子变得聪明一些，就可以同时解释两类现象。

爱因斯坦的隐变量理论是这样的，首先无论如何，他相信光子确实是从某一条缝过去的，不管有没有在看。但他同时认为光子是比较"聪明"的，具有自然规律下所有的能力，它可以预先决定不同的概率分布。

什么意思呢？所谓的隐变量，它可以决定实验最后的结果。

在一次实验中，如果两条缝都开着，一个光子飞过来的时候，隐变量就故意"命令"光子跑出干涉的分布，尽管光子是从某一条缝钻过去的；如果只有一条缝的时候，隐变量就"命令"光子跑出高斯分布。这样的观点，我们没有办法反驳，因为原理上确实可以这样，但人们又并不知道所谓隐变量到底是什么机制，所以在实验上没有办法证实。

所有的单粒子实验当中，隐变量的理论和量子力学理论，最后都可以自洽地解释双缝干涉的实验结果。

那么，上帝到底掷不掷骰子？如果掷骰子，人可能还有一点自主意识；如果上帝不掷骰子，我们的命运和做什么事情，都是由方程决定的。这个问题很重要，上帝到底掷不掷骰子，跟人到底有没有自主意识，某种意义上是联系在一起的。

05

也不是说，爱因斯坦和玻尔这两个人谁更高明，反正薛定谔方程可以把氢原子能谱等算得非常精确，有用就行了。

在应用量子力学规律的过程中，产生了很多技术革新：核能、晶体管的发现、激光的发明、核磁共振、高温超导材料、巨磁阻效应的发现等。通过对量子规律的被动观测，即使在宏观世界的有限应用，已经很大程度上改变了我们的生活。

从某种意义上来讲，量子力学是现代信息技术的硬件基础，数学是软件基础，数学和物理结合在一起，奠定了整个现代信息技术的基础。

正是有了半导体，才有现代意义上的通用计算机；在加速器的数据往全世界传递的过程中，催生了万维网；为了检验相对论，利用量子力学构建非常精确的原子钟，在原子钟的帮助之下，可以进行卫星全球定位、导航，等等。第一次量子革命直接催生了现代信息技术。

大家经常讲，我们现在为什么有卡脖子的问题，其实可以看到，一部手机里面凝聚了很多跟量子力学相关的基础物理、基础化学成果：成像半导体电路是2009年诺贝尔物理学奖、集成电路是2000年诺贝尔物理学奖，等等。一部手机当中，至少有八项诺贝尔奖成果在里面。如果基础研究不行的话，我们被卡脖子是难以避免的。

06

随着信息技术进一步发展，人们逐渐遇到了一些问题，比如信息安全瓶颈。实现信息的安全传送，自古以来就是人类的梦想。

在公元前7世纪，古希腊斯巴达人就使用了加密棒。他们把一个布带缠到加密棒上，写上"明天发动攻击"，命令发布完之后，如果别人没有同样半径的加密棒的话，信息是读不出来的，这是最原始的加密方法。

到了公元前1世纪左右，凯撒大帝发明了更好用的办法——把26个字符移动一下，这样移动完之后，"明天发动攻击"就变成其他字符。只有预先约定的人才能知道这个命令究竟是什么。

这样一些非常聪明但很古老的加密算法，其实可以用字符出现频率的方法加以破解。英语中A出现的概率是8%，B出现的概率是1.8%，等等。不管字符怎么变化，只要文字是固定的，我们拿出来算算字符频率，出现概率8%的就是A，1.8%的就是B。一封信如果有几千个字符，很大概率可以被破解。

二战期间，人们又设计了更加复杂的密码，到后来还有RSA公钥加密算法，但是随着计算能力的提高，这些都可以被破解。清华大学的王小云教授发明了一种方法，把SHA-1算法破解了。

历史告诉我们，有矛必有盾，基于计算复杂度的经典密码，总有方法可以破解掉。所以大概在一百多年之前，有一位作家写了一句话："人可能不够聪明，以至于没有办法构建一种我们自己破解不了的密码。"

我们遇到的另一个问题是难以满足人类对计算能力的巨大需求。最早的时候，20世纪40年代的Colossus计算机，重量1吨，功率8.5千瓦，每秒运算速率五千次，当时人们觉得这已经很快了，按照IBM前总裁Thomas Watson的说法，全世界大概只需要五台这样的计算机就够了。

但是到了2010年的时候，是一个什么样的状态呢？智能手机已经可以每秒钟运算5万亿次，功耗不超过5瓦，计算能力是当年美国阿波罗登月计划计算能力的总和。

随着大数据时代的到来，全球数据量呈指数级增长，每两年翻一番，对计算能力的需求非常巨大。

一般来说，我们通过加强芯片的集成度来提升计算能力。但是目前，摩尔定律马上就要逼近极限了，估计再过10年，就会达到亚纳米尺寸。这样的话，前面讲到的干涉效应就会出现，0不一定是0，1不一定是1，晶体管的电路原理将不再适用。

怎么解决信息科技面临的这些问题？在研究爱因斯坦百年之问

的过程当中，目前的量子力学已经初步为突破信息安全和计算能力的瓶颈做好了准备，而且也为回答上帝到底是否掷骰子提供了可能的答案。

07

到底是怎么联系在一起的呢？让我们先来考虑一个最简单的量子系统。

在日常生活当中，一只猫，要么是活的，要么是死的，这两种状态就可以代表一个比特的信息。

根据量子力学原理，量子世界中的一只猫，当我们没有去看它时，猫可以处于死和活状态的相干叠加。但是对于量子世界的现象，爱因斯坦说，我可以用隐变量来构建，反正你也不能说服我，它还是可以确定地处于死和活某一种状态，不是处于相干叠加。

他为了反驳量子力学，进一步考虑了多粒子体系。在讲多粒子体系之前，先讲一下量子比特到底是什么东西。

其实任何两能级的系统都可以实现一个量子比特，例如可以用光子的两个极化状态，来代表0或者1。光子沿着垂直方振动叫作1，沿着水平方振动叫作0，可以代表两个状态。如果让它偏转一下，朝着45度振动，其实就是属于0+1状态相干叠加了，沿着135度振动其实就是0-1的相干叠加。光子的极化其实可以沿任意方向振动。

我们怎么测量光子的极化状态呢？如果有一个光子是0+1的状态，但是我们并不知道它是什么状态。我来测量它，可以用一个小晶体，叫作极化分束器，对那些水平极化的光子全部穿透，对竖直极化的光子则全部反射。如果在后面再各放一个单光子探测器，每次实验当中，要么左边有响应，要么右边有响应，可以证明每次发射进来的是一个单光子。

光子处于45度极化的话，测量后就有50%的概率处于水平极化，50%的概率处于竖直极化。测量前属于两者的相干叠加，测量后则以一定概率处于这两种状态里的某一个，这就是最简单的量子测量。

当然，我们也可以换一个方向来测量，让45度的光子反射，135度的透射。不管怎么说，测量的结果不仅取决于被测量的量子态，也取决于测量的方向，沿着两个正交的方向，各有一定的概率，得到两个测量结果。

如果事先状态属于叠加状态，测量完以后，会变成两个状态当中的一种，也就是说对未知的量子态的测量会扰动初始状态。如果这个状态事先未知的话，便没有办法获得原件的全部信息，于是对单个未知的量子态就没有办法进行精确克隆。这就是量子力学因为有叠加之后和经典物理学观念的一个非常大的不同。当然，也有人说可以用爱因斯坦隐变量的理论回到经典物理学所描述的确定的状态。

爱因斯坦认为，既然单粒子实验不能确定隐变量、量子力学两种理论谁对谁错，那么应该再往前走一步，于是他在1935年提出了"量子纠缠"的概念。

他认为如果量子力学是对的话，那么就允许两个骰子始终处于一种精确的关联：你掷出的结果是6，我也一定是6；你掷出的结果是1，我也一定是1；等等。从实验上讲，假如有01-10这种两粒子纠缠态，沿着任意方向来测量的话，都有一种非常奇怪的结果。比如，沿着水平/竖直方向测，如果测到粒子A处于水平极化，粒子B就一定处于竖直极化，就是0和1；如果测到粒子A处于竖直极化，粒子B就处于水平极化，就是1和0；如果是用45/135度测，这边的测量结果是45度，那边就是135度；这边的测量结果是135度，那边就是45度。只要按照同样方向测，两个粒子的测量结果会完全相反。

爱因斯坦进一步做了一个思考。他认为如果两个粒子处于刚才所说的纠缠态，在t_1的时候，完成了对粒子A的测量；在t_2的时候，完成对粒子B的测量。现在爱因斯坦提出了一个类空间隔的概念。这是什么意思呢？如果t_2减去t_1，是小于光从粒子A飞到粒子B所用的时间的话，也就是说，两个粒子完成测量的时间差是小于光从左边飞到右边的时间的话，爱因斯坦认为，既然光都来不及通风报信——光是跑得最快的，每秒钟30万公里——粒子A测量的结果跟粒子B的测量结果是完全独立的，因为任何能量都来不及从粒子A传到粒子B这个地方。

但是根据前面讲到的，你是 1 的时候，它必定就是 0；你是 0 的时候，它就必定是 1。也就是说，只要测量了粒子 A 的状态，就可以精确地预测粒子 B 的状态。这么一来，我去测量粒子 A，又不影响粒子 B，但我又可以知道粒子 B 处于什么状态，那么对于 B 粒子的测量结果，在没测量之前结果就应该是存在的，而不应该是测量后才决定的。

所以爱因斯坦得出这么一个结论，物理量的值是预先确定的，与是否执行测量无关。这个就跟他的隐变量是一样的，叫定域实在论。

但是量子力学告诉我们，单个粒子的物理量在测量前是没有确定状态的。对粒子 A 的测量，不仅仅决定它自身的状态，而且也瞬间决定粒子 B 的状态，无论它们相距多么遥远。

但是到这一步为止，定域隐变量也好，量子力学也好，也是给出同样的预测的，没有办法检验谁的观点是对的。

为了形象一点，这里打个比方。假定有两朵花处于纠缠的状态。花有两个性质，第一种性质就是它的颜色，用眼睛看的时候左边是红色，右边也是红色，我再看一遍左边是蓝色，右边也是蓝色，它们的颜色总是一样的，这是第一种性质的纠缠。我现在来闻闻花的香味，一闻是玫瑰花香，这边是玫瑰花香，那边是玫瑰花香。再闻一下，这边是兰花香，那边也是兰花香，它们的气味也总是一样的。

现在有两种观点，按照爱因斯坦的定域实在论，花的颜色和气味在测量前已经确定好了，跟你有没有看它的颜色，有没有闻它的香味没有关系；量子力学告诉我们花的颜色和气味在测量前是完全不确定的，对一朵花的测量，就是你看它的颜色，去闻它的气味，会瞬间确定另外一朵花的颜色和气味。这就有点像王阳明所讲的，你没有看花的时候它是与万物同寂，你去看它的时候顿时这个花的颜色就明白起来了。

但这在实验上怎么检验呢，如果两边都是同时看花的颜色或者都是闻花气味的时候，你永远解决不了这个问题。结果，在爱因斯坦提出量子纠缠的概念30多年之后，有一位叫约翰·贝尔的物理学家，他说不要都看花的颜色和都闻花的气味，有些时候可以让左边这个人看花的颜色，右边这个人闻花的气味，这样一来就可以得到一个Bell不等式。具体的数学表达式，不用管它。如果你认为没有看之前，它有确定的性质的话，这个不等式测出来值要小于等于2；如果量子力学对的话，这个数值可以达到2.82，这么一来可以在实验上检验到底谁对。结果几乎所有的实验都证明量子力学是正确的。

这告诉我们一个非常好的结果，也就是说，物理量的值不是预先确定的，你去测量的时候才会决定它是什么性质；测量的结果是随机的，也就是说，观测者的行为会影响体系的演化。那么，也同时告诉我们，单个量子的未知态你都不能复制，更不用讲像我们大脑里复杂的意识了，我们不可能像手机里面的信息那样可以做简单的复制。量子力学告诉我们一个原子的状态都是不能被复制的，更加不用担心有我们自己的复制体。

08

所以说，我独一无二，我有自主意识，我的行为可以影响体系的演化，这是量子力学和牛顿力学根本的不同。

有了量子纠缠的概念之后，科学家发展大量的技术来做实验，来验证这个理论对不对。这个技术很困难。比如，拿一瓶水，喝掉半瓶水很简单。可如果我说，你现在每次只能喝一个水分子，这在技术上非常困难。但是科学家从1964年开始，经过五六十年的努力，我们已经可以相当于从一个电灯泡发出的光线里面，拿出一个个光子来，再把这些光子沾连在一起进行干涉，然后做我们想做的事情。

这样，一个新的学科诞生了，我们把它叫作基于量子调控技术的量子信息学。

我觉得它的革命性，有点像遗传学里面从孟德尔的遗传规律到发现DNA结构这么一个过程。在这里面有一堆豌豆，可以说豌豆种到地里面的时候有多大概率豌豆长成绿色，多大概率豌豆长成黄色。当我拿出一颗具体的豌豆来问你，你告诉我这颗豌豆到底长成黄色还是绿色，你不知道，但是到DNA结构发现之后，就知道这个可能长黄色，那个长绿色，所以当你从被动的观测到主动调控的时候，技术会带来巨大的进步。所以，我们现在从对量子规律被动的观测和应用变成对量子状态的主动调控和操纵，这样就产生了第二次量子革命，那就是量子信息技术。

量子信息技术包括几方面的应用。一是量子通信，可以提供原理上无条件安全的通信方式；二是量子计算，可以提供超快的计算能力，揭示复杂系统的规律。

为什么量子通信是安全的？比如，张三和李四要送密钥，我送的是单光子，如果中间有窃听者，他先来看一下对这光子。本来送的时候有干涉，到最后可以看到干涉条纹。如果中间这个人看一下就变成0和1，最后变成没有干涉，只要没有干涉你就知道中间被别人窃听过，不可以用了。

有人问，可不可以把光子分成两半，这一半不看，另一半放在手里？不可能，因为光子是光能量的最小单元，不存在"半个"单光子，所以这么一来首先他不能窃走半个光子，他如果偷看整个光子，看完之后我们就知道有窃听。存在窃听就必然被发现，通信双方可以丢弃存在窃听风险的密钥，来确保密钥的安全分发。

第二个应用，有点像孙悟空的筋斗云，利用量子纠缠可以把量子信息从一个地点送到另外一个地点。如果量子态处于0和1的相干叠加，到底多少0的成分你不能测，如果测的话初始的量子状态就被改变了。但是可以利用量子纠缠把一个粒子的初始状态从1这个地方传送到第 3 个粒子，但是又不需要这个粒子本身传递过去，我们把这样一种操作叫量子隐形传态。

打一个比方，上海和杭州有一团纠缠物质，而我从上海过来做报告开车来不及，怎么办？

可以对上海的潘建伟和在上海的纠缠物质做一个操作。操作完之后，我身上每一个原子就和纠缠物质里面的原子纠缠起来，进行联合测量之后可以得到一组数据，它们处于哪个纠缠态。然后把这个数据通过无线电台发射到杭州，通过对杭州这团物质做一种可控的操作，就可以用同样多的物质把潘建伟在杭州构造出来。

是在杭州复制一个潘建伟吗？我说不是的，因为经过这个过程，原先在上海的潘建伟已经没有任何信息了，被还原成一堆原子，所以在杭州的潘建伟不是上海那个潘建伟的复制品，而是用同样多的物质把我给重新构造出来了。

但是有一点要明确，这个传送不能超光速。在上海得到这个测量结果之后，要把这个测量结果告诉杭州，所以传递最快是光速。

当然能不能传送人我们不知道，但是一个原子的状态是可以的，几十个原子状态是可以的，几百个原子状态也是可以的，目前在实验上都已经证实了。

量子隐形传态可以实现量子计算的基本单元：量子信息在网络里可以走来走去之后，就可以利用量子叠加来进行量子信息的处理，这就是量子计算机。

09

经典计算机里，一个比特处于0或1两种状态之一，两个比特则处于00、01、10、11四个状态里的某一个。但在量子计算机里，四个状态可以同时存在。随着量子比特数越来越多，叠加存在的状态数是呈指数增长的。

利用量子比特这样一种叠加的性质，我们可以设计一些相关的算法。这些算法可以快速分解大数、快速求解线性方程组，等等。比如，利用万亿次的经典计算机，那就是我们现在的手提计算机，来分解一个300位的大数需要15万年；但是利用量子计算机只需要一秒钟就可以了。一旦有了超强的计算能力，就可以用到很多地方，如气象预报、药物分析、基因分析、经典密码的破译，等等。

其实在量子通信方面，目前国内做得比较好，可以在城市里面做一个城域网，利用中继器把城域网连起来形成城际网，利用卫星实现远距离的量子通信。

我们从2007年开始已经取得一些比较好的进展，2012年这个系统已经在北京投入运行。后来慢慢把这些局域网，一个一个连起来，变成现在的"京沪干线"。这是基于可信中继技术。将来最终解决远距离量子通信这个问题，最好能用到量子中继，目前大家正在研究过程中。

而以目前的技术实现远距离的量子通信，则需要卫星的中转。通过十几年的努力，我们研制成功了国际上第一颗量子科学实验卫星"墨子号"，在2016年8月份成功发射。

"墨子号"有三大科学实验任务。第一个是星地之间的量子密钥分发，在1200公里的距离上，目前每秒钟点对点可以发送十万个安全密钥，这比相同距离光纤的传输速率提高了20个数量级。

第二个任务是实现了德令哈到乌鲁木齐，德令哈到丽江之间，距离都差不多是1200公里的量子纠缠分发，验证了即使相隔上千公里，量子纠缠之间的诡异互动也是存在的。

第三个任务是实现了上千公里的量子隐形传态。这些工作都是在2017年完成的。

"墨子号"实现的天地之间的量子通信，再加上"京沪干线"所实现的千公里级光纤城际量子通信网络，一起构成了天地一体化广域量子通信网络的雏形。这是国际上量子信息领域一大标志性事件。

在"墨子号"基本任务完成之后，我们就想能不能用量子卫星来做一些广义相对论、跟引力结合相结合的工作。大家都知道，目前融合广义相对论和量子力学的尝试，困难在于理论模型的检验需要极端的实验条件，例如极小的空间尺度，或者是极高的能标。后来有些科学家提出新的引力模型，比如Event Formalism模型。根据这一理论，引力会导致量子纠缠的退关联。2018年的时候，我们用"墨子号"做了一个实验，验证了至少在现有的精度下，第一种简单的Event Formalism模型被验证是不准确的。后来理论工作者改进了这个模型，进一步验证的话，那就需要上万公里纠缠的分发。我们还有很多工作要做。

在量子计算方面，目前国际上有几个公认的发展阶段：

第一个阶段要实现大概50个量子比特的相干操纵，只要达到50个比特，对特定问题的计算可以比目前最快的超级计算机更快。2019年谷歌发布一个结果，在经典超算上需要算1万年的东西，谷歌计算机只要算200秒就行了。第一步谷歌走在了前面。

第二步要实现数百个量子比特的相干操纵，可以造一些专用的量子计算模拟机，让我们来做一些诸如量子材料高温超导机制的研究。

到第三阶段可以来做通用量子计算。所以谷歌在2019年的结果其实构成量子信息界另外一个重大的标志。正因为这样，谷歌未来5年在超导量子计算方面大概会增加投入10亿美元左右。他们希望通过10年左右能够构造出一台大概达到百万比特的量子计算机，可以来破解2千多位的RSA密码，这是他们目前正在考虑的。

当然，这方面我们国家整体上的水平还是不错的，早在2012年的时候在拓扑量子纠错上做了一些比较好的工作，近期已经完成76个光子的高斯玻色采样，按现在初步估计和数据分析，应该能够比谷歌的量子处理器大概快100亿倍。当然，这个结论还需要通过同行的严格评审后才能确认。

在超导量子计算方面，目前正在开展60个超导比特的量子相干控制，如果做成，大概在性能方面可以比谷歌快三个数量级，这是目前正在开展的一些工作。

另一方面，希望能够解决一些实用化专用量子模拟机里的问题。我们在超冷原子量子模拟方面取得了比较好的进展，近期希望能够实现100个原子左右的相干操纵。

希望能够通过10到15年的努力，在量子通信方面，对信息安全做一些比较好的工作。除此之外，利用在空间当中所发展的技术，会发射一颗中高轨卫星，这是一个长期的计划。这样我们在空间也可以进一步来做引力和量子理论相关的检验。

在量子计算方面，也希望通过10年左右的努力，大概能够达到百万个量子比特的相干操纵，来试图构建具有基本功能的通用量子计算原型机，探索对密码分析和大数据分析方面的相关应用。

10

我做一个总结，密码、算法主要是数学家的事情，为什么量子通信和量子计算是由物理学家先提出来的？

这里举一个例子，一个简单的问题：三个电灯泡，有三个开关，你怎么做才能在开关开完之后，搞清楚哪个开关控制哪个灯泡？对数学家来说可能是解决不了的，物理学家会怎么做呢？

我们把两个电灯泡打开，过一会儿关掉一个。然后我去检查灯泡的状态，亮着的那个当然是我打开的那个；然后我用手摸一下，没亮但是发烫的那个是我刚刚关掉的，凉的那个是我没有开过的。所以物理学家能够利用物理的现象来解决更多的问题。

前面讲的这些量子信息技术都是"术"，都是具体的应用，本质上也没有什么太了不起的。但是我觉得，随着对量子力学的进一步研究，和对量子计算机深入的研究，可能给我们的观念带来一个非常深刻的转变，这就到了"道"的层面。

经典计算机是决定论的，经典的人工智能是机器人，是没有自主意识的。量子力学则第一次把观测者的意识和物质的演化结合起来，就像施一公校长在几年前做过非常精彩的报告，谈论量子纠缠和意识的作用，这是非常有道理的。

我相信，随着人工智能研究的发展和量子计算机硬件的发展，以后可能帮助我们理解甚至超越人类的智慧。

揭开"量子"的神秘面纱

施 郁

量子是我们的老朋友，而不是最近才有的东西。事实上，20世纪90年代，诺贝尔奖得主莱德曼就指出，量子力学贡献了当时美国国内生产总值的三分之一。现在更是很难找到与量子无关的新技术。所以说，量子力学是当代文明的一个重要基础。近年来，基于量子叠加的量子信息和量子计算得到很大发展。从技术到理论，我们都需要继续量子革命。

近几年，"量子"一词频繁出现在我们的生活中。我们经常听到量子科技有了新进展，一些研究领域在各方面也更注重量子元素的使用。因为量子之热，社会上还出现乱用"量子"概念或名词，乃至用"量子"一词行骗的情况。最近的一个研究进展是，Google的科

作者系复旦大学物理学系教授。

学家宣称，他们研制的一个量子处理器能够在两百秒内完成一项计算任务（具体来说，是随机数产生方面的一个计算任务），而这个计算任务是目前超级计算机需要很长时间才能完成的。总之，量子计算机对于解决某些计算问题具有巨大的威力。为了解释什么是量子计算机，我们首先解释"量子"是什么。后面我会讲到，"量子"一词其实有几个不同却又相互有关的含义。

热辐射和不情愿的量子启动者

"量子"一词起源于20世纪初。当时著名物理学家开尔文勋爵宣称，物理学晴朗的天空中有两朵乌云。其中一个是说，电磁波的媒介一直找不到。水波的媒介是水，声波的媒介是空气或者其他传播声音的东西，人们将电磁波的媒介叫作以太，但是一直找不到。电磁波，或者简称光，按照波长从长到短，包括无线电波、微波、红外线、可见光、紫外线、X射线、伽马射线。它们都是振动的电磁场在空间的传播，区别只是波长或者频率不同（光速是一样的，频率等于光速除以波长）。当时物理学天空的第二朵乌云指能量均分定理，也反映于热辐射的能量问题。热辐射实际上就是电磁波。那么它是哪种电磁波呢？它是各种电磁波的混合，每种电磁波的能量取决于它的波长，也取决于温度，所以叫作热辐射。理想的情况通常称作黑体辐射，意思是，对于所有波长的电磁波，只有辐射和吸收，没有反射。生活经验告诉我们，当物体温度不是特别高时，比如，人的身体，虽然我们感受到它发出热量，但是看不到它发光，但我们可以通过探测捕捉到红外线。随着物体温度升高，我们还可以看到红色、黄色等，说明这些波长的电磁波能量增加了。但是，一定温度下，各种电磁波的能量究竟有多少？这个问题在19世纪后期研究了几十年也没有研究清楚，没有一个满意的公式能够清楚地表达，这说明能量均分定理有错。所以开尔文勋爵将这个问题列为一朵乌云。峰回路转，开尔文话音刚落，同一年的10月，普朗克找到了一个完美的公式，描写热辐射中各种电磁波的能量，这后来被称作普朗克定律。这先是普朗克猜出来的。然后他试图从理论上推导出普朗克定律。但是他绝望地发现，为此必须假设，物质通过振动发出或吸收电磁波时，振动的能量必须是某个基本单元的整数倍。普朗克将这基本单元叫作量子，是频率乘以一个常数。这个常数后来叫作普朗克常数。就这样，普朗克不太情愿地启动了量子革命。后来，他因为"能量量子的发现"获得1918年诺贝尔物理学奖。

爱因斯坦、玻尔和量子力学

1905年，爱因斯坦指出，电磁波本身就是由一份一份的量子组成的，叫作光量子，20年后被简称为光子。这是爱因斯坦本人唯一自称具有革命性的工作。这与普朗克的量子假说并不一样，就好比，普朗克说，从水缸里舀水时，一勺一勺地舀；而爱因斯坦说，水本来就是由一勺一勺组成的，不存在半勺水的概念。作为推论，爱因斯坦解释了光电效应，也就是光量子入射到金属上可以导致电子出射，并预言了出射电子的能量与入射光的波长的关系。1905年，爱因斯坦还创立了相对论，说明了电磁波不需要媒介，所以也驱散了第一朵乌云。1905年被称为爱因斯坦的奇迹年。1906年，爱因斯坦指出，光量子假说自然导致普朗克定律，后来人们用此思想理解普朗克黑体辐射定律，广泛用在教科书中。第二朵乌云得以彻底驱散。1922年，爱因斯坦因为"光电效应定律的发现"获得1921年诺贝尔物理学奖。

我们知道，光电效应将光信号转变为电信号，应用实在太多了：光电倍增管、光敏电阻、太阳能电池、数码相机、研究材料性质所用的光电子能谱，等等。2019年的诺贝尔物理学奖的一半授予了宇宙学的工作，而且主要是关于宇宙背景辐射。这是宇宙大爆炸发生38万年以后产生的、充满宇宙的热辐射，随着宇宙的膨胀，温度下降到2.73K。现在测量到，宇宙背景辐射完美地符合普朗克定律，温度不均匀性只有10万分之一。

因此这证明了宇宙背景辐射的量子化。所以可以说，整个宇宙的行为证明了电磁波的量子化。回到历史。1913年，玻尔提出，原子中的电子只能处于一些分立的轨道。在这些轨道上，能量是某个基本单元除以整数的平方，所以是分立的，叫作能量量子化。玻尔因"原子结构及其辐射的研究"获1922年诺贝尔物理学奖。1925年到1926年，一方面海森堡、玻恩、约旦通过分析原子中电子状态改变产生光子，建立了所谓矩阵力学；另一方面，薛定谔在德布罗意1924年的物质波理论（任何粒子都有波动性）的基础上，提出相应的波动方程，叫作薛定谔方程，并用于原子中的电子，得到了电子行为的准确描述，解释了玻尔模型，被称为波动力学。泡利1924年提出任何两个电子的状态不能完全相同，1926年用矩阵力学计算了氢原子中电子的能量。然后狄拉克指出，矩阵力学和波动力学是等价的，都是量子力学的不同形式。这样加上物理学家们取得的其他进展，系统的量子力学理论得以建立。

"量子"是我们的老朋友

量子力学最重要的特征，是它的描述是概率性的。在我们日常生活中，也使用概率的说法。比如，扔骰子，每个面朝上都有可能，概率大概1/6。但是这种概率是基于对细节的忽略。如果我们知道骰子运动的力学细节，原则上我们可以预言每次扔骰子的结果。而在量子力学中，概率是实质性的。关键在于，我们使用的最基本的概念是"概率的开方"，称作波函数或者概率幅，比概率信息更丰富，就好比复数比实数的信息丰富。德布罗意所说的物质波本质上就是波函数。因为是一种波，所以有干涉效应，两种可能性叠加的概率不一定是原先两个概率相加。量子力学建立以后，成为整个微观物理学的理论框架，取得一个又一个的成功。

量子力学解释了化学。元素周期表、化学反应、化学键、分子的稳定性等，都是在电子和原子核的电磁力作用下，量子力学规律所导致。所以狄拉克在1929年就说："整个化学所依赖的物理定律已经完全知道了。"

量子力学帮助我们理解宇宙。我们的宇宙跨越各种尺度，从最小、最微观的基本粒子到原子分子，到我们可以看见的宏观世界，到天体，到整个宇宙。从光到基本粒子，到原子核，到原子、分子以及大量原子构成的凝聚态物质，量子力学都起了重要的作用，也因此成为现代技术的基础。在微观的尺度上，电磁力和弱相互作用（主宰中子衰变为质子从而导致放射性）已经统一为电弱相互作用，这是量子场论（量子力学与狭义相对论的结合）的成功。在更微观的尺度上，电弱相互作用可能与强相互作用（将夸克结合为核子的力量）统一，但是还没有成功。

更加微观的尺度上，它们还可能与引力统一。这些统一问题依赖对量子力学的探究，都还没有解决。其他的未解之谜，比如，暗物质和暗能量，答案也依赖于量子力学。很多天体物理过程，例如太阳这样的恒星发光，白矮星和脉冲星的存在，以及刚才说过的宇宙背景辐射的存在，都是因为量子力学规律。太阳发出的中微子到达地球时，一部分变成其他类型的中微子，这本质上就是量子概率幅的振荡。整个宇宙起源于大爆炸，然后一直膨胀。所以在宇宙诞生的早期，宇宙就像一锅基本粒子的汤，受量子力学支配。所以不少人用咬尾蛇来象征最大和最小的统一。在宇宙早期，量子力学决定了我们的宇宙中有多少氢和氦。后来重原子核在恒星中的合成也是量子力学决定的。大尺度上，我们的宇宙中有星系结构。追根溯源，宇宙结构的形成是因为最初量子力学导致的涨落，这是量子力学的概率本性决定的。

终极问题——为什么有宇宙存在，而不是什么也没有，也需要用量子力学去寻找答案，不管能不能找到。各种材料的物理性质在很大程度上是因为材料中电子的量子力学行为。比如，导体和绝缘体的区别，比如，磁性的起源，超导电性的原因，等等。量子力学带来了非常丰富的应用，深刻地改变了我们人类社会的文明。

它让我们拥有了新的能源：来自原子核的能量，也让我们能够更有效地利用太阳能。原子弹影响了世界历史，而核电则是原子核能量的和平利用。

量子力学为信息革命提供了硬件基础。激光、半导体晶体管，芯片的原理都源于量子力学。量子力学也使得磁盘和光盘的信息存储、发光二极管、卫星定位导航等新技术成为可能。从X射线到电子显微镜、正电子湮没、光学和核磁共振成像，等等，量子力学为材料科学、医学和生物学提供了分析工具。所以，量子是我们的老朋友，而不是最近才有的东西。事实上，20世纪90年代，诺贝尔奖得主莱德曼就指出，量子力学贡献了当时美国国内生产总值的三分之一。现在更是很难找到与量子无关的新技术。所以说，量子力学是当代文明的一个重要基础。

"量子"的三个含义

我将"量子"总结为三个含义。

"量子"的第一个含义是分立和非连续，比如，在早期量子论中，轨道必须具有特定的半径，能量是以份为标准单位的，有分立的轨道，分立的能量。这是量子论先驱当时所用的含义。但是这种含义也被用于当代物理中，比如，"量子霍尔效应"就是指所谓霍尔电导只能取一些分立值。

"量子"的第二个含义就是指基本粒子，强调了粒子是量子场的激发。量子场论告诉我们，每种基本粒子都是某种场的量子。第一个例子就是光量子，这是电磁场的量子。所以，电子是电子场的量子，夸克是夸克场的量子。另外，大量粒子构成的集体可以有集体运动的激发，也叫作量子，比如，固体振动的量子叫作声子。

"量子"的第三个含义是作为一个形容词或者前缀使用，"量子X"是指在将量子力学基本原理用于X，比如，量子物理、量子化学、量子统计、量子凝聚态物理、量子磁学、量子光学、量子电动力学、量子场论、量子宇宙学、量子信息、量子计算，等等。相应地，X中不需要量子力学的部分就称作经典X。

量子叠加

量子叠加是基本的量子规律，代表"不同可能性都存在"的情况在量子力学中的形式。在日常生活中，也有"不同可能性都存在"的情况，用概率描述。比如今天下雨的概率多大，不下雨的概率多大。但是在量子力学中，我们先用概率幅，也就是"概率的开方"，有时叫作波函数，最后才算出概率。这个基本原理导致了各种各样的量子现象，导致量子力学中的"不同可能性都存在"不同于日常生活中的"不同可能性都存在"。假设我们从北京出发，随机到达几个目的地之一，其中有一定的概率抵达上海，而北京去上海又有很多道路，每条道路都有一定的概率，加起来就是从北京到上海的总概率。假如一个量子粒子也从北京出发，通过这些道路去那些目的地。那么从北京抵达上海的概率就是总的波函数的平方，而这个总的波函数是每条道路的波函数相加。所以总概率是若干波函数相加以后再平方，而不只是将若干概率相加。

这将导致干涉现象，因为不同道路的波函数互相之间有可能相互抵消，也可能相互加强，导致总的概率不一定是各条道路的概率之和。这就好比光通过几条缝再打到屏上，在屏上出现明暗条纹，也就是干涉，而不是像经典的子弹那样，屏上只是子弹通过每条缝的分布情况的直接相加。

量子比特

近年来，基于量子叠加的量子信息和量子计算得到很大发展。正如比特是信息和计算的单元，量子信息和量子计算的单元是量子比特。我们将一个可能是 0 或 1 的数字叫做 1 个比特。与此类似，1 个量子比特可能的基本状态是 $|0>$ 态和 $|1>$ 态，量子叠加态的一般形式是 $a|0>+b|1>$。两个量子比特的 4 种可能的基本状态

是 |00> 态，|01> 态，|10> 态和 |11> 态，量子叠加态的一般形式是
a|00>+b|01>+c|10>+d|11>。n 个量子比特有 2^n 种可能的基本状态，量子叠加态的一般形式就是这 2^n 个基本状态相加。

最近 google 的量子处理器用了 53 个量子比特，它们的基本状态就是 53 个 0 或 1 组成的字符串，总共有 2^{53} 个，约等于 10^{16}，也就是 1 亿个亿！在量子叠加态上得到某个测量结果的概率，就是将从每一个基本状态下得到那个测量结果的波函数或概率幅相加，然后再做平方。除了干涉，量子叠加与经典概率的关键不同还在于，量子叠加态同时也是其他一组基本状态的叠加，比如每个量子比特的基本状态既可以选用 |0> 和 |1>，也可以选用（|0>+|1>）$/2^{1/2}$ 和（|0>-|1>）$/2^{1/2}$。测量时，可以选择任意一套基本状态。对于每一套基本状态，都有一个概率分布。这提供了量子密码的基础。

量子纠缠

量子纠缠就是一种特殊的量子叠加，比如 a|00>+b|11>。这种情况下两个量子比特不互相独立。如果我们测量第一个量子比特得到 |0> 态，那么我们就知道第二个量子比特肯定处于 |0> 态。如果我们测量第一个量子比特得到 |1> 态，那么我们就知道第二个量子比特肯

定处于|1>态。请注意，是做测量的我们知道了，而第二个量子比特的观测者并不知道，除非我们告诉他们，而这是受到相对论等各种物理规律的制约，不能瞬时完成的。因此这里不存在违反相对论的瞬时超距传输。作为对比，a|00>+b|10>没有量子纠缠，因为在这种情况下，第二个量子比特总是|0>态。另一方面，我们即使不知道某个量子比特的量子态，但如果和远方观测者还分别控制另外两个互相纠缠的量子比特，我们就可以对第一个比特以及我们所控制的纠缠比特进行测量，再通过经典通信，指导远方观测者的操作，就可以在远方的比特上重建第一个比特原来所处的量子态。这就是量子隐形传态。

前面提到量子基本状态的可选择性，这也导致量子纠缠与经典关联的一个关键不同。比如，将一副手套分别送给两个人，其中一个人知道自己收到的是左手套或者右手套后，也就知道了对方是右手套或者左手套。而且，这是分配时就明确下来了，不管这两个人是否知道。但是对于量子纠缠的两个粒子，在其中任意一个被测量之前，连定义概率分布的基本状态都还没有确定！

量子信息与量子计算

前面提到的量子密码和量子隐形传态都属于量子信息，量子信息的另一个重要课题是量子计算。量子计算就是巧妙地操纵量子叠加态，用量子力学原理作为计算逻辑，超出了经典计算使用的布尔代数的范畴。我们目前用的计算机虽然硬件上用到了半导体，用到了量子力学，但是它的计算逻辑没有用到量子力学，因此叫作经典计算机。

因为量子力学的基本原理，量子叠加态中的每一个基本状态都在演化。所以一种说法是，量子计算过程实现了量子并行。通过巧妙地设计如何操作叠加态的演化过程，能够快速解决某些计算问题，比如因子化问题——两个整数相乘，不论这两个整数多大，经典计算机很快找到乘积。但是如果反过来，将这个乘积给你，只要它不是偶数，经典计算机不能有效地找到它的因子。"有效"的意思是说，计算机花费的时间或者资源是这个整数的二进制位数的有限幂次（1次方，2次方，如此等等）的组合。但是如果量子计算机能造出来的话，它就能够有效地找到任何一个大数的因子。

薛定谔猫、退相干和量子多世界

薛定谔猫和量子多世界是将量子叠加的概念直接延申到宏观物体和宏观世界。其实能否这么延伸，如何延伸，科学上还并不清楚。

薛定谔猫是说一个宏观物体，比如一只猫，也处于量子叠加态；或者按照最初的版本，猫与一个原子核发生量子纠缠。当初薛定谔提出薛定谔猫，是作为一个佯谬，说明量子力学不合理，因为虽然薛定谔方程是量子力学的基本定律，薛定谔本人却不同意波函数代表概率的开方。

量子系统与环境耦合或者被测量时，量子叠加遭到破坏，概率退化为经典概率，干涉效应消失，这叫作退相干。这也是量子计算机很难实现的主要原因。现在我们可以在实验室让越来越大的系统实现量子叠加。但是要实现量子叠加，系统不能与环境耦合，否则就会出现退相干。而越复杂的系统，与环境耦合越多，所以越容易退相干，越难实现量子叠加。现实世界中的猫是个复杂系统，与环境有非常多的耦合，这很自然地通过极为迅速的退相干阻止了薛定谔猫的出现。另一方面，不与环境耦合的系统，是不是总是可以实现量子叠加，还是说，系统复杂到一定程度，就不能有量子叠加呢？这个问题其实还没有答案，有待科学家的继续探索。

量子多世界的提出，是为了解决另一个困惑，就是量子态被测量的时候，有个随机的变化，突然变成了测量结果对应的新量子态，看上去与薛定谔方程描述的量子态演化不融洽。一个解决方案是，量子态并没有突然随机改变，而是与测量仪器共同受薛定谔方程主宰，处在量子纠缠态中。如果忽略测量仪器的信息，系统就表现出随机的变化。与此类似，与环境耦合时，系统与环境处在量子纠缠态中。如果忽略环境的信息，系统就退化为经典的随机。这就是退相干。多世界理论的支持者说，系统与测量仪器或者环境的量子纠缠态所描述的每一种可能都是真实存在的，或者说，世界劈裂成多个世界。对于每个世界而言，在下一次测量中，又会进一步劈裂成多个世界，如此等等。量子多世界理论是说，这些可能的结果都是存在的，每一次选择都产生了多个世界，在有的世界里，两人成陌路；在有的世界里，两人成眷属。这个说法有什么用呢？它避免了量子力学测量问题。

有些物理学家对量子力学测量问题感到困惑，发明了很多理论，多世界理论是其中之一。但是在实验已经证实的方面，这些理论是互相等效的；而它们不等效的地方，迄今又没有实验能够证实。所以，一方面，量子叠加导致了量子现象与量子技术，导致量子信息。另一方面，量子力学中还存在尚未完全解决的基本问题。服从经典规律的系统都是由服从量子规律的微观粒子组成的。那么一个系统在什么情况下服从量子规律，什么情况下服从经典规律，二者边界在哪里？我们还不完全清楚。从技术到理论，我们都需要继续量子革命。

从聊斋志异到量子隧穿

王 一

量子力学本身是一个物理理论，但它又高于一个具体的理论，它是一个理论框架，所有的物理理论都可以融入这个框架中——目前除了广义相对论以外。量子力学量力而学，我们今天只对量子力学中一些有意思的现象"浅尝辄止"。

我们已经了解了"单光子双缝干涉实验"，这是量子力学中非常有意思的一个现象。我们还知道，不仅光子，世间万物都具有波粒二象性，那么让我们想象一个粒子的"单粒子双缝干涉实验"。

我们今天的主人公名叫王七，和梦游仙境的爱丽丝一样，他也喝了"变小"水，变成了微观世界中原子一样的大小，然后波粒二象性中的波动性就开始彰显了。

王七想要进入一个教室，教室有两扇门，他可以同时通过这两

作者系香港科技大学副教授。

扇门进入教室吗？是可以的，因为王七具有波动性。那王七到了教室的什么位置呢？王七所在的位置是由两个路径的差来决定的：当路径差是波长的整数倍，王七有更大的可能出现在此；而当路径差是半整数波长，王七则不会出现在这里。这就是双缝干涉。

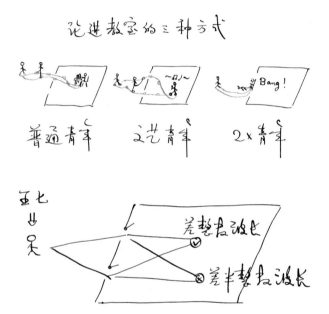

下面我们把教室的两扇门全关上，王七没有钥匙，面对一堵墙，他怎么办？量子的王七能不能穿墙而过，进到教室里呢？如果王七是一个经典物体，那么他没有办法穿墙而入，除非他的能量大到可以把墙打倒，然后过去，或者他可以跳得足够高，从墙上边翻过去。但是，现在的王七有了波动性，事情就不一样了。

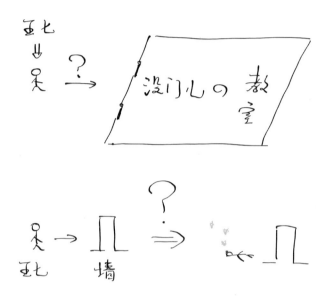

　　提到穿墙，我们上网搜一下，会搜到"穿墙技术哪家强，请买××路由器"等内容。这告诉我们，波动是可以穿墙的，路由器发出的无线信号是电磁波，电磁波可以穿墙。从这个例子我们学到两点：第一，穿墙是波动的"种族天赋"，波动天生就会穿墙。第二，穿墙之后波动的幅度会减弱。应用到王七，我们知道：第一，王七是一个物质波，具有波粒二象性，所以他也可以穿墙而过。第二，穿墙以后波动减弱，这就有点恐怖了？你吃一个苹果，最怕的不是没见到虫子，也不是见到一条虫子，而是见到了半条虫子。王七穿过墙去以后，摸摸脑袋说"我的头还在吗？"这样的话，是不是很恐怖？

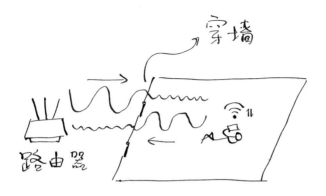

　　但是，如果我们把王七想象成一个基本粒子的话，这种事情是不会出现的。所谓基本粒子，即是没有办法再分割的基本单元，已经是最小的一份了。要么穿过去，要么不穿过去，不会出现半个粒子穿过去的现象。波动减弱，在基本粒子的范畴里体现为概率减小，也就是说这个粒子很大的概率留在墙外、被墙弹开，而有一个很小的概率穿过这堵墙。这种穿墙而过的现象，在量子力学里叫作"量子隧穿"现象。

　　那我们今天的主人公为什么叫王七呢？蒲松龄在《聊斋志异》里写过一个故事，叫"崂山道士"。王七向崂山道士学得穿墙术，试一下成功了，然后又给自己的妻子炫耀，结果炫耀失败。

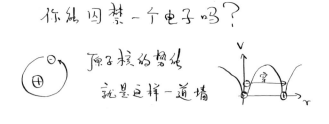

《聊斋志异·崂山道士》

　　量子隧穿现象如今有了很广泛的应用，例如现代科技所依赖的晶体管便是基于量子隧穿现象。不仅如此，量子隧穿现象还改变了我们对世界的理解。

　　我问一个问题：可以囚禁住一个电子吗？这件事情听起来好像是可能的，比如说施加一个磁场，电子就只能在磁场里绕圈了。但是我们只可以相对地囚禁住一个电子，不可能做到绝对地囚禁。任何的囚禁方法实际上都相当于在电子周围造了一堵墙，这面墙可以很高，可以很厚，但是我们要记住电子总有一个虽然说可能很小但不等于0的概率可以穿墙而出。绝对意义上的囚禁住一个电子是不可能的！

你能囚禁一个电子吗？

原子核的势能
就是这样一道墙

一个电子无处不在，只是概率大小之分

　　宇宙中，电子无处不在，只不过可能在你想让它在的地方概率大一点，在你不想让它在的地方概率小一点，但是归根结底，这个电子无处不在！

　　如果你感觉你的世界认知还没有什么触动，那么我再问一个问题：世界上有两个不同的电子吗？想象一下，我们变小了，跑到一个原子里边，我们有没有可能指着一个电子说：这个电子是从别的原子里面跑过来的内鬼，我把它揪出来。我们能不能指名道姓的去标记一个电子？对不起，在基本粒子的层面，我们是做不到的。大家想一想，在经典的层面，我们如何标记两个小球或者说两个人？要标记两个经典物体的区别，我们有两个办法，一个是内在的，一个是外在的。

　　这个人和另一个人长得不一样，这是什么意思呢？就是这个人这儿多了一些粒子，那个人这儿少一些粒子。但是到了基本粒子的层面。粒子已经不再可分了，你不能说这个基本粒子这儿多了一些粒子，到了基本粒子层面，电子就是电子，光子就是光子，你找不到两个长得不一样的电子或光子。

　　从内在上我们没有办法区分，那么从外在上我们能不能区分呢？经典的人，比如两个人长得很像，你一眼可能看不出谁是谁，但是我可以一直跟踪他们。在量子世界里，对于一个基本粒子而言，这是做不到的。这个粒子是无处不在的，可以在这儿，也可以在世界上任何其他地方，只不过在这儿的概率大一点。别的电子可以在别的地方，但是它也可以在这儿。

从内在上我们不能标记一个电子，从外在上我们也不能标记一个电子，把这一结论上升到一个原理的话，就是"全同粒子原理"。在量子力学里，我们是没有办法去标记粒子的：电子虽然是可数的，我们可以数一个、两个、三个电子，但是我们不能标记这个电子、那个电子。

小结一下。波动性不仅带给我们双缝干涉，还带给我们隧穿现象。基于隧穿现象，我们可以制造出很多的电子元件。不仅如此，它还告诉我们，本质上一个电子是无处不在，充满整个宇宙的，进而我们没有办法去标记任何一个基本粒子。

来源：墨子沙龙公众号

量子世界的密码学

吉勒·布拉萨德

量子现象如何改变我们在保密通信中的加密和解密方式呢？

首先允许我给大家介绍一些密码学的内容。密码学长久以来都是两个角色之间的争斗，加密者和破译者。这种斗争已经持续了很长的时间了。比如说，古希腊时期就出现了密码棒之类用于加密的东西。它至少已经问世2500年之久了，是密码学最早的见证者之一。所以说，密码学是一个古老的话题，在很长的时间内它都是一门艺术，但是现在变成了科学。

事实上，我们住在一个量子的世界。这对加密者来说是好事吗？或者换一种说法，量子的世界对加密者和破译者哪一个更有利？和经典世界相比，有哪些东西发生了改变？当然，还有一个更重要的问题：加密者和破译者，谁将会获胜？

吉勒·布拉萨德（Gilles Brassard），加拿大蒙特利尔大学教授，沃尔夫物理学奖获得者。

此处先介绍一位科学家、诗人兼小说家埃德加·爱伦·坡（Edgar Allan）。他是一位19世纪的美国小说家和诗人，没有任何科学研究背景，而且他还是一位非常优秀的、自学成才的非专业破译密码学家。他写了一本叫作《金甲虫》（*The Gold-Bug*）的小说，这本书是他最有名的著作之一。爱伦·坡讲了这样一个故事：

一个名叫威廉·勒格朗的人，在森林中发现了一页看起来非常奇怪的手稿，他不知道这是什么。他想，如果透过光线来观察它，可能会有一些事情发生。因此，他把这张羊皮纸靠近火光，透过火光观察它。出乎意料的是，当他把羊皮纸靠得离火焰很近时，密文出现了。

威廉·勒格朗意识到这些文字一定和海盗宝藏的埋藏地点有关。他是怎么解密这段密文的呢？解密的过程是一个非常精彩的故事，作者大约用了10页篇幅来解释威廉·勒格朗如何破译一段这样的密文。许多现实世界的密码学家在他们小时候都读到了这个故事，他们纷纷被密码学的艺术之美所吸引，进而成长为真正的密码学家。

威廉·勒格朗已经有了这样的密文。首先要做的事是统计每个字符出现的次数。我们得到了这样的结果——在故事中字符"8"是出现最频繁的。而在包括英语在内的大多数西方语言中，出现次数最频繁的字母是"e"，因此威廉·勒格朗认为"8"就代表字母"e"。字符"；48"出现了很多次，假设原文是英文，所以这必定是单词"the"——"the"是由3个字母构成并且是以"e"结尾的出现最频繁的单词，所以很可能"；"代表"t"，"4"代表"h"。在经过10页文字的推导后，他得到了字符对应的结论。

我们按照对应关系替换掉密文中的字符。顺便说一句，这叫作密钥，在密码学中，密钥是明文和密文之间相互转换的工具。威廉·勒格朗通过推理找到了密钥。密文经过变换后，就会得到明文。现在他需要把空格加到这段文字里。当加入空格后，我们得到了一段文字，看起来仍然不知所云。因为在这个时候，你需要在一定程度上去猜它是什么含义。最后，他在当天就找到了宝藏。

这种加密方法是将每个字母替换为另一个符号，用密码学的术语叫作"单码替换法"。并不是爱伦·坡发明了破解单码替换法的方法，而是金迪（Al-Kindi）。金迪也有多重身份，他一生中写了300多本书，尤其是一本介绍如何破译加密信息的书。在这本书里，金迪解释了如何解码，如何破译爱伦·坡书中提到的那种类型的密码。你可能会认为这个工作是所有密码学或者说密码破译的起源，然而并不是。这本书有一部分遗失，直到距今不久才被发现。所以在历史上它并未产生很大的影响力，这是一件令人遗憾的事。

那么，究竟谁会获胜呢？是加密者还是解密者？爱伦·坡是怎么认为的呢？爱伦·坡有一个非常清晰的观点，他笃信破译者将会是最后的赢家："可以全面断言，人类的创造力还不足以创造出人类不能破译的密码。"换句话说，不论你是一个多么聪明的加密者，总会有一个比你更聪明的破译者。可能需要一段时间，但是你终将被一个足够聪明的破译者击败。爱伦·坡十分坚信这一点，因为他本身在破译密码上就有非常高的造诣。1841年，他在一本杂志上写下了以上话语。请注意1841年，因为在当时有一个这样的密码，通常被认为是维吉尼亚（Vigenère）在1586年于《数字的密写》一书中提出的。1586年，维吉尼亚提出了一种加密方式，直到爱伦·坡的论点诞生时，它都没有被破解。事实上，爱伦·坡是在1841年写下上述论点，而维吉尼亚在1586年写下那本书（但可以明确的是，在1553年这种加密方式就已经诞生了），直到爱伦·坡写下这个论点时，维吉尼亚密码都始终没有被破译，而爱伦·坡非常确信破译者终将会获胜。

这个加密方式十分强大，持续了将近300年没人能够破解。爱伦·坡怎么也想不到的是，仅仅在他发表这个论点几年后，查尔斯·巴贝奇（Charles Babbage）就破解了它。虽然，这个加密方式存在了301年后才被破译，但是它最终确实被破译了。

爱伦·坡所说的破译者终将获胜是正确的吗？在判断之前，先讲一些关于密码学的内容。关于密码的产生有两个问题，其中一个就是如何获得一串共享密钥。如果有两个人，名字用Alice和Bob表示，Alice和Bob想要秘密地进行通信。如果他们想要使用爱伦·坡故事里的单码替换法，他们需要知道密钥是什么。通信的双方需要用共享的密钥，一个用来进行加密，另一人则用来进行解密。所以，怎么获得共享的密钥是产生密码时要考虑的一个主要问题。另一个问题则是怎么使用密钥。我们在爱伦·坡的小说里看到一种使用方式，但这只是其中一种，还有更好的方法，比如像维吉尼亚那样。

第一个问题，我们把它叫作**密钥的建立**，第二个问题则是在加密和解密过程中**如何使用密钥**。加密是将明文转换为密文，解密是将密文翻译成明文——在你拥有密钥的情况下。让我们首先关注第二个问题，在我们已经有密钥的情况下怎么使用它。

之前讲过一个例子。在《金甲虫》中，一种使用密钥的方式是将明文中的字母按照密钥中的对应关系依次替换，这样就得到了密文。一旦有了密文和密钥，就可以反过来将每个字符一一替换成明文，于是就重新得到了明文。这是一种在你拥有密钥的情况下使用密钥的方法。但是在9世纪，金迪就已经破解了它。

那么是否有更好的方法呢？再次强调，这不是一个好方法，它只适用于初学者。维吉尼亚的方案在长达300年的时间内都保持了高保密性，但是它最终还是被破解了。还有恩尼格玛密码机（Enigma），Enigma是一台德国人在二战中使用的机器，万幸的是它被破译了，这也不是个好方案。在15年甚至更长的时间里，美国政府想要使用一个叫DES（Data Encryption Standard，即数据加密标准）的加密系统——它起源于1977年，但是后来也被放弃了。之后美国政府提出了新的AES（Advanced Encryption Standard，即高级加密标准），它是由比利时人发明的。当时的美国政府举行了一个竞赛，鼓励人们提出取代DES的新方案。一时间诞生了许多新的方案，最终胜出的是两个比利时人，他们发明了一套叫作Rigndael的系统，后来被美国政府重命名为 AES。这就是现在的加密标准，已经使用了将近 20 年，还没有人声称找到破解它的方法。AES 很好，但是对其安全性，我们没有一个严格的证明。其安全性究竟如何，我们不得而知，可能它当前还是安全的。

另一种加密方式诞生于 19 世纪，叫做"一次一密"（one-time pad）。大多数人认为它是被吉尔伯特·维尔南（Gilbert Vernam）或者约瑟夫·莫博涅（Joseph Mauborgne）在 20 世纪发明的，事实上应当更早，它是 1882 年被一位银行家发明的。"一次一密"是一种加密和解密信息的方式，它是无条件安全的。无条件安全的意思是，如果窃听者得到了编码信息，也就是密文，他不能够获得任何明文的信息，除非有一些信息的泄露，比如说有几个字符。除此之外，严格地讲，在没有密钥的情况下，不能通过拦截密文来获取信息。而且，即使有无尽的计算能力和最尖端的技术也无法破译。

如果你熟悉公钥密码学，你会知道公钥密码并不能保证无条件安全——公钥密码在有足够计算能力的情况下总是可以被破解的。我所说的无条件安全性可以抵抗各种破解技术，我们可以在数学上证明"一次一密"可以做到无条件安全。20 世纪中叶，克劳德·香农（Claude E.Shannon）证明了这种加密算法的安全性，但是它却要在更晚的时间才被发明出来。

我简单介绍一下"一次一密"的工作原理。Alice 和 Bob 是想要通信的双方，他们共享密钥，并且其他人无法获知密钥。Alice 想要给Bob发送信息，她通过掌握的信息和密钥，对信息进行了简单的加密，获得要发送给Bob的密文。"一次一密"的理论说的是，窃听者在没有密钥的情况下拦截密文，那么他将不会得到任何明文的信息。Bob手持密钥和密文，简单地把它们摆在一起，就得到一段清晰的文字。再次强调，这种加密算法是绝对安全的。

在故事的最后，我们已经有了一种完美的加密和解密方式，我们为什么还要用别的方案呢？我们为什么还在浪费时间研究量子密码学或者一些其他的加密方式呢？是因为这里存在一个问题——你需要大量的密钥。对每一比特的信息，你都需要一比特的密钥进行加密。这是很不方便的。不过，在安全需求很高的情景，我们使用这种加密算法是合理的。比如说，在冷战时期，赫鲁晓夫和肯尼迪之间的通话就使用了这种方式。

现在的问题是：一次性密码本是怎么在两个领导人之间传递的？密码本首先在华盛顿或者莫斯科产生，哪里都可以。然后这串完全随机的比特被保存在磁带上，这种方式在那个年代已经有了。这个磁带被保存在一个外交公文包里，被外交官牢牢掌控着。外交官乘坐飞机把密钥亲手交给对方。对于如此高级别安全性的特别通信，这种方式是很好的，但是在当代，对于任意两个人想要的秘密通信，这种方式就没有意义了。

还有另外一个问题：密钥是怎么建立的。我们知道了怎么使用密钥，现在让我们谈谈如何建立密钥。实际上有3种方式可以实现密钥的建立。

Alice 和 Bob 可以使用一个可信的第三方，就像赫鲁晓夫和肯尼迪之间的公文包，这种方法已经应用在现实生活中。让我们更深入地研究一些其他方法。我们可以使用基于计算复杂度的计算安全性，或者我们可以使用量子理论。我将更多地介绍一些计算安全性的内容，因为它有一段非常有趣的历史。

从定义出发，计算安全性对密钥的保护是基于这一前提：窃听者没有足够的计算能力破解它。所以从定义来说，它就不是无条件安全的，在计算时间充足的条件下总可以破解它。

密钥建立是指，Alice 和 Bob 一开始没有共享的密钥，他们想要建立一个。他们要做什么呢？他们要通过一个信道进行交流。这是一个公共信道，公共的意思是这个信道对于窃听是没有任何保护措施的。你可能会对此感到震惊。是信道是经验证过的，意思是 Alice 知道来自 Bob 的一切信息，反之亦然，信息在传递过程中没有被修改。我们假设他们用这样的验证过的公共信道进行通信。在经过一些通信后，他们有了相同的一串字符，被用来作为密钥。更神奇的是，有一个全程窃听的人，他想要获取密钥，但是他却做不到。这两个人一开始没有密钥，他们各自做一些计算，然后进行通信，有一个人全程窃听，在最后，他们可以得到密钥，而窃听全部通信过程的人却不知道密钥是什么。听起来像是魔法，不过我们知道如何在一些关于计算能力的假设下做到这一点。

现在来看它的发展历史。大多数人认为这种方法首先由惠特菲尔德·迪菲（Whitfield Diffie）和马丁·海尔曼（Martin Hellman）在1976年发明，那一年诞生了一篇非常有名的文章——《密码学的新方向》。一年后，罗纳德·李维斯特（Ronald L. Rivest），阿迪·萨莫尔（Adi Shamir），伦纳德·阿德曼（Leonard Adleman）从迪菲和海尔曼的工作出发，发展出了著名的RSA加密系统。RSA在世界范围内的安全网络中广泛应用。大约在同时，罗伯特·麦克利斯（Robert McEliece）也提出了另一个实现迪菲和海尔曼想法的途径。这是我们通常所认为的发展历史。

但是事实上，在Diffie-Hellman论文发表的前2年，拉尔夫·默克勒（Ralph Merkle）就有了和他们几乎相同的想法。海尔曼是斯坦福一位非常有名的教授，迪菲是一位非常出色的学生，他们有能力推动这个想法的发展。而默克勒就位于隔壁的伯克利，但是没有人能够理解他在干什么，所以非常不幸，他在1974年的想法在1978年才得以发表。这就是真正的事实——默克勒先于迪菲和海尔曼提出RSA想法。

但是实际上，RSA是在更早些时候被克利福德·科克斯（Clifford Cocks）提出的。他在英国特勤局工作，他发明了它，却不能告诉其他人。而实际上，科克斯的工作是基于詹姆斯·埃利斯（James El-lis）的。埃利斯是我们能了解到的极限，除非还有一些别的人突然从石头缝里蹦出来。

目前为止，我们知道，埃利斯是第一个认为可能可以基于一些计算假设实现密钥建立的人。这只是个疯狂的想法，他不知道怎么实现它。当科克斯进入特情局时，他无所事事。因此他们递给他一张埃利斯在3年前写的一份草稿。他读过后感到十分有趣。那天晚上回到家，由于不在特勤局的高墙之内时，是不允许写任何东西的，至少是任何和工作有关的东西，所以他就一直躺在床上，不被允许使用纸和笔等一系列物品。在那一晚，他发明了RSA加密系统。第二天早上，他早早来到办公室，你能想象得到，他把他的想法记录下来并且验证它是否可行，结果成功了。这就是基于计算假设的密钥建立的历史。

还记得我们的问题吗？我们所居住的量子世界改变了这一切。请允许我告诉你一些关于加密者、破译者和通信信道的内容。加密者可以是经典的，这意味着他们只有经典计算机，他们不懂量子理论，或者他们有一台量子计算机。破译者可以是经典的或者量子的。Alice和Bob之间的信道也可以是经典或者量子的。这给我们提供了多种组合的可能。

特别地，如果每个人都是经典的，那么从一开始我们就置身于一个经典的环境中。我们有许多经典条件下的人，这样的场景在2500年前就存在了。比如，前面说的故事就发生在一个经典的世界中。在经典世界中，我们每天都在大量的、数以百万计的使用Diffie-Hellman和RSA这些方案来建立密钥，并保证整个互联网框架的安全性。

　　如果破译者有量子计算机会发生什么？我们把这个称为"后量子密码学"，是说加密者还只是经典的，但是破译者可以使用量子计算机。在这种情形下，有一种分解大数的方案，它是由彼得·肖尔（Peter Shor）提出的，他也是2018年"量子墨子奖"的获奖者之一。肖尔发现量子计算机可以有效地分解大数，也可以有效地提取离散对数，而这两点正是RSA和Diffie-Hellman算法所依赖的，甚至包括椭圆曲线加密算法也是如此。要完成这两件事，你需要一个量子计算机，而一旦你拥有，一切将迎刃而解。

　　另一个重要的量子算法是Grover算法。如果有一个函数，对于N个点，只有一个点的结果为1，其他的均为0。你想要找到这个满足 $f(x)=1$ 的点，如果用经典的方法来找这个点，我们除了尝试不同的输入以外别无他法，不管是随机试还是逐个试。这样平均下来需要尝试半数的点才能找到，所以在经典的情形下，你需要调用N/2次函数f才可以找到x。Grover发现了一种依托量子计算机的算法，你可以只需根号N次的调用就可以找到x。这种算法十分出色。Shor算法可以使我们的运算速度比在经典计算机上有指数级的提升，而Grover的算法相比经典只有平方量级的提升，但是它却拥有非常广泛的应用——任何搜索问题都可以应用Grover算法进行加速。

　　让我们回到密钥建立问题。如果我们给窃听者一台量子计算机，量子窃听者将会改变这一切。我没有说明Merkle系统是如何工作的，但是一旦你掌握了Grover算法，Merkle系统就被破解了。所以说Grover破解了Merkle。Shor算法对离散对数的提取破解了Diffie-Hellman，而对大数的分解破解了RSA（由Cocks发明）。Shor破解了Cocks。没人知道如何用量子计算机破解McEliece，如果我们一开始使用的是McEliece，我们今天的信息将会是安全的。但是不幸的是，整个密码学框架都仰仗于Diffie-Hellman或RSA的安全性，一旦量子计算机被发明，这个框架将会瞬间崩塌。我们只有使用McEliece，今天才不会如此窘迫。选择RSA和Diffie-Hellman的原因之一是因为McEliece需要更长的密钥。不是更多的计算，而是更长的密钥，MB级的密钥，而对于Diffie-Hellman和RSA，KB量级的密钥就足够。在当时，我们已经想到我们未来可能会有手持加密设备，如智能卡，认为如果需要MB量级的密钥，加密设备的体积会大到一只手拿不下的地步。这在当时显然是困难的，虽然今天看来，MB是非常小的。无论如何，我们在当时做了最好的决定，所以现在我们不得不面对这一切。

如果加密者是量子的，那么就有可能挽救今天的局面。如果加密者是量子的，那就意味着Alice和Bob现在拥有了量子计算机，可能量子计算机将会使得Alice和Bob实现安全的密钥建立来抵御量子的攻击者。不幸的是，现在还做不到。到目前为止，量子计算看起来对破译者更有优势。爱伦·坡很高兴，加密者很惆怅。

总的来说，在经典信道中，RSA和Diffie-Hellman可以抵抗经典攻击者。我们不能完全证明这一点，但是它看起来是安全的。而对于量子攻击者来说，它是不安全的。所以量子看起来对于加密者是件坏事。

还记得我们的问题吗？量子理论对于加密者是好事还是坏事？答案看起来像是后者。但是McEliece可能是安全的，因此我们还有一些别的可能；另外在当时还发展了一些其他的方案，比如一些叫作New Hope和Frodo等的完全经典的加密系统。他们可能可以抵抗量子计算的攻击。

我还想说一些在拥有量子信道后发生的故事，它又使得一切变得不一样。事实上，甚至不需要加密者是量子的，他们只需要一个小的干涉。如果Alice和Bob之间的信道变成量子的，将会发生什么？模拟这一切并不像说的那么容易，而是需要一批科学家倾其一生来实现。但是这比实现量子计算机要容易得多。我们做的这一切叫作"量子密码术"。

向你们介绍一个人，斯蒂芬·威斯纳（Stephen Wiesner），他是第一个考虑将量子效应引入密码学中的人。威斯纳在1968年写下了这篇文章，很不幸的是，它在很长一段时间内都没能发表。在这篇文章中，威斯纳提出了"量子钞票"的概念。量子钞票只是一个量子力学的想法，它是把量子理论用于信息学和密码学的最早想法之一。威斯纳的想法是如此具有革命性，以至于这篇文章被杂志退回了。他没有继续研究他的想法，而把它放进了抽屉里。幸运的是，威斯纳把他的想法告诉了查尔斯·本内特（Charles H. Bennett），他最好的朋友之一。本内特用笔记录了下来。在1970年，他用"量子信息理论"来命名这些笔记，可能这就是"量子信息理论"这几个词的诞生。他想向人们分享威斯纳的想法，但是没有成功，没人听他的。

直到有一天我在波多黎各的圣胡安游泳，有个疯狂的人（本内特）游向我，并且向我讲述了威斯纳的想法——量子钞票。当我们游回岸边时，我们至少在脑海中构建好了我们的第一篇文章。长话短说，不管怎样，是威斯纳的想法促进了量子密钥分发和量子密码学的诞生。

基于这个想法，我们可以以偏振光子的形式发送信息来抵御窃听者。这些光子无法被可靠地复制，任何窃听都将会产生可被探测的错误，如果Alice以偏振光子的形式发送信息给Bob，有一个窃听者在他们的信道上监听而使得信息发生篡改，Bob将收到不同于Alice的信息，这就是量子密码学基本的想法。除此以外，我们可以用它来建立密钥。在你拥有字母对照表后，密钥就可以在"一次一密"中使用。这就是窃听保护，这就是量子密码学。

1984年，我们把这个想法发表在印度举办的一个会议的公报中，这就是熟知的BB84。我们实现了无条件保密的信息传递。无论窃听者掌握何种技术和计算能力，它都是安全的，这就是无条件的定义。因此，谁将会获胜？爱伦·坡错了，加密者将会获胜。

当然，这种无条件安全的通信已经实现了。中国是目前为止在量子密码学的实现中走在最前列的国家。中国在量子密钥分发的应用领域是处于国际领先的。还发射了一颗叫"墨子号"的卫星。

"墨子号"可以被用来在遥远的两地之间建立密钥。首个由量子密码学加密的视频电话，是于几年前在奥地利科学院院长安东·蔡林格（Anton Zeilinger）和中国科学院院长白春礼之间进行的。他们的视频电话很令人兴奋，因为这是人类历史上最安全的视频通话。当然，周围到处都是吵闹的记者。

现在有覆盖全球的量子卫星方案。爱伦·坡错了。这是真的吗？可能并不是，因为有量子黑客的存在。量子黑客没有破译量子密码学，他们只是阻止量子密码学的实现。量子密码是安全的，但是完美的实现它有一定的难度。瓦季姆·马卡罗夫（Vadim Makarov）是首屈一指的量子黑客，他在寻找实现量子密码的漏洞上有着非凡的天分。他随身带着一个完美的量子黑客的公文包环游世界，看他通过机场的安检是一件有趣的事情。他时不时地会破译一些实际的量子密码系统。

爱伦·坡究竟是不是对的？实际上，在长达2500年的时间内，密码学是数学家之间的一场战役，最近这场战役渐渐转移到了工程师之间，因为有许多量子密码方案在理论上都是完美的。你不仅需要工程师，也需要科学家来尽最大可能地实现量子密码，还有一些其他的工程师来试图破译它。所以争斗的中心已经由数学转移到了工程学。爱伦·坡到底是不是对的？是量子黑客总是可以破坏量子密码的实现，还是我们可以建造一些量子密码使量子黑客再也不能攻击它？换句话说，猫和老鼠的游戏还没有结束。

现在我做个总结。我们住在量子的世界中，这对加密者来说是坏事还是好事？我不知道。历史将会说明一切，但是现在我们还不知道。当然，我希望加密者将会赢，想出方法来更好地实现量子密码使得Makarov不能破解它，但是这还没有得到证明。

来源：墨子沙龙公众号

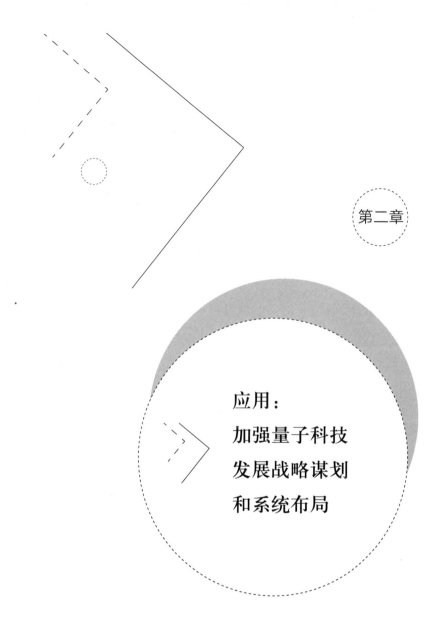

第二章

应用：
加强量子科技
发展战略谋划
和系统布局

凝聚创新力量，形成量子科技发展体系化能力

潘建伟

中共中央政治局2020年10月16日下午就量子科技研究和应用前景举行第二十四次集体学习。中共中央总书记习近平在主持学习时发表了讲话。习近平总书记的讲话深刻阐述了我国量子科技深化发展的方向和路径，充分体现了党中央对该领域的高度重视。

量子科技事关国家安全和社会经济高质量发展

习近平总书记讲到量子科技国家战略布局时说，"在组织实施长周期重大项目中加强顶层设计和前瞻布局，加强多学科交叉融合和

作者系中国科技大学常务副校长，中国科学院院士。

多技术领域集成创新,形成我国量子科技发展的体系化能力""要统筹量子科技领域人才、基地、项目,实现全要素一体化配置,加快推进量子科技重大项目实施。"

量子科技是事关国家安全和社会经济高质量发展的战略性领域,必须将创新主动权和发展主动权牢牢掌握在自己手中。自主科技创新体系的建立,需要形成从基础研究、应用研究、技术研发到产业化的全链条布局。创新全链条有赖于长期的积累,因此特别需要面向长远目标,通过国家层面的顶层设计和前瞻布局,整合优势资源形成自主创新的体系化能力。党中央已经作出了在量子科技领域组建国家实验室、实施科技创新2030—重大项目的战略决策。国家实验室是实现多学科交叉融合和多技术领域集成创新,统筹人才、基地、项目的最佳实施平台,将为我国量子科技的长远健康发展打开新的局面。

关于量子科技人才队伍,习近平总书记说"要建立以信任为前提的顶尖科学家负责制,给他们充分的人财物自主权和技术路线决定权,鼓励优秀青年人才勇挑重担"。

科技创新最终还是要依靠优秀的人才来实现,既需要"创新思维活跃"的优秀青年人才,也需要"能够把握世界科技大势、善于统筹协调"的领军人才。习近平总书记强调"顶尖科学家负责制",为在量子科技领域创新管理体制和科研组织机制提供了遵循。顶尖科学家负责制,一方面要在国家战略任务中强化目标导向、压实责任，这是科学家的"责"；另一方面要充分发挥优秀科学家的学术水平和领军才能，让他们能够"揭榜挂帅"，在科技攻关中起到主导作用，这是科学家的"权"。责权明确，是量子科技领域国家战略任务顺利完成的有力保证。

此外，习近平总书记讲到引导鼓励企业和社会资本的投入，"要提高量子科技理论研究成果向实用化、工程化转化的速度和效率，积极吸纳企业参与量子科技发展""带动地方、企业、社会加大投入力度"。

企业和社会资本的投入具有方式灵活、对高端人才吸引力较大的优势，可以和国家科研经费互为补充，最大程度地激发创新活力。我们知道，由于科技金融体系的相对完善，美国企业热衷于面向长远的风险投入，抢占颠覆性技术的先机。例如就在量子科技领域，谷歌、微软、IBM、英特尔等国际巨头企业积极投入量子计算研发；2019年10月，谷歌率先实现了针对特定问题的计算能力超越超级计算机的量子计算系统。而我国企业对量子计算的投入热情相比美国还有不小的差距。

习近平总书记强调在量子科技领域要促进产学研协同创新，是对我国创新科技金融体系，鼓励企业和社会资本投入量子科技前沿研究、技术研发和成果转化的明确指导。

量子科技发展需加强国家战略科技力量统筹建设

当前，量子科技已进入到深化发展、快速突破的历史新阶段，迫切需要多学科的密切交叉以及各项关键技术的系统集成。在量子科技领域整合科技资源、集中力量突破，已在主要发达国家中形成广泛共识。欧美发达国家的政府、科研机构和产业资本正在加速进行战略部署，大幅度增加研发投入，对我国取得的局部领先优势发起强烈冲击。

在这一总体发展趋势下，习近平总书记的重要讲话指明了必须将量子科技的发展作为国家意志的体现、作为国家战略来实施。无论是国家层面的顶层设计和前瞻性布局、统筹量子科技领域的创新要素、造就高水平人才队伍，还是促进产学研协同创新，都特别需要发挥社会主义市场经济条件下新型举国体制的优势。

习近平总书记在强调量子科技领域坚持自主创新，努力在关键领域实现自主可控的同时，也指出要加强量子科技领域国际合作。这与习近平总书记此前在科学家座谈会上的重要讲话中作出的在优势领域打造"长板"、以更加开放的思维和举措推进国际科技交流合作的论述一脉相承，明确了量子科技领域要在开放合作中提升自身科技创新能力的总体发展思路。

事实上，党和国家一直以来都高度重视量子科技。经过近20年的发展，我国在该领域形成了具有相当体量和布局较为全面的研究队伍，突破了一系列重要科学问题和关键核心技术，产出了多光子纠缠干涉度量、量子反常霍尔效应、世界首颗量子科学实验卫星"墨子号"、量子保密通信"京沪干线"、世界首台光量子计算原型机等一批具有重要国际影响力的成果。习近平总书记指出，总体上看我国已经具备了在量子科技领域的科技实力和创新能力，这是我国量子科技进一步深化发展的坚实基础。随着量子科技领域国家实验室和科技创新2030—重大项目的推进落实，我国将迎来在该领域占据国际制高点的重大历史机遇。

培育量子通信等战略性新兴产业

　　量子科技的具体应用包括量子通信、量子计算和量子精密测量三个领域。习近平总书记指出要"统筹基础研究、前沿技术、工程技术研发，培育量子通信等战略性新兴产业"，这是我国量子科技发展的总体切入点。

　　在量子通信领域，我国已处于国际领先地位。一方面要加快发展下一代广域量子通信网络技术体系，进一步扩大领先优势；另一方面需要和用户部门密切配合，特别是在安全性测评的基础上推进标准体系的建立，进而推广在国防、政务、金融等领域的应用，将研究的优势转化为产业的优势。

在量子计算领域，我国整体上与发达国家处于同一水平线。鉴于当前量子计算的发展态势迅猛，在加大国家科研经费支持力度的同时，也需要进一步引导和鼓励企业的投入。同时也需要潜在的用户部门提前布局，与相关科研机构合作探索量子计算在近期和中远期的应用方式。

在量子精密测量领域，我国整体上相比发达国家还存在一定的差距，但发展迅速。为使我国量子精密测量领域尽早达到国际先进水平，需要在建设一流支撑平台的基础上，突破与导航、医学检验、科学研究等领域密切相关的一系列量子精密测量关键技术，完成一批重要量子精密测量设备的研制。

现阶段，量子科技领域的国际竞争日益激烈。近年来，欧美发达国家先后启动了量子科技领域的战略计划，例如，英国于2016年启动"国家量子技术专项"，欧盟于2018年启动"量子技术旗舰项目"，美国于2018年启动"国家量子行动法案"等。

因此，为应对激烈的国际竞争，进一步扩大我国已经取得的领先优势，在新一轮量子革命中抢占先机，我们要发挥新型举国体制的优势，深化科技体制机制改革，凝聚全国各方面的创新力量，形成我国量子科技发展的体系化能力。

来源：《科技日报》

量子科技为何重要

施　郁

中共中央政治局日前就量子科技研究和应用前景举行了第二十四次集体学习。习近平总书记主持学习时强调："量子力学是人类探究微观世界的重大成果。量子科技发展具有重大科学意义和战略价值，是一项对传统技术体系产生冲击、进行重构的重大颠覆性技术创新，将引领新一轮科技革命和产业变革方向。""要充分认识推动量子科技发展的重要性和紧迫性，加强量子科技发展战略谋划和系统布局，把握大趋势，下好先手棋。"

量子科技为什么重要？

首先，量子力学建立以后，就成为整个微观物理学的理论框架，带来了后者一个又一个的成功。

量子力学解释了化学。元素周期表、化学反应、化学键、分子的

作者系复旦大学物理学系教授。

稳定性等，都是量子力学规律所导致。

量子力学帮助我们理解宇宙。我们的宇宙跨越各种尺度，从光到基本粒子，到原子核，到原子、分子以及大量原子构成的凝聚态物质。量子力学对我们认识这些都起了重要的作用，也因此成为现代技术的基础。

在微观的尺度上，各种基本力的统一是理论物理的重大问题，依赖于量子力学。其他的未解之谜（如暗物质和暗能量）的解决也依赖于量子力学。

很多天文现象，例如恒星发光、白矮星和脉冲星、太阳中微子的振荡、宇宙背景辐射，乃至宇宙结构的起源等，都是因为量子力学规律。

很多材料性质，比如，导体、绝缘体、磁体、超导等，源于电子的量子行为。

量子力学带来了丰富的技术和应用，深刻地改变了人类的文明和历史。它让我们拥有了来自原子核能量这一新能源，也让我们更有效利用太阳能。核弹影响了世界历史，核电则是核能的和平利用。

量子力学为信息革命提供了硬件基础。激光、半导体晶体管、芯片的原理都源于量子力学。量子力学也使得磁盘和光盘的信息存储、发光二极管、卫星定位导航等新技术成为可能。没有量子力学，互联网和智能手机也不会存在。

量子力学也为材料科学技术、医学和生物学提供了分析工具，包括X射线、电子显微镜、正电子湮没、光学和磁共振成像等。

所以，量子是我们的老朋友。事实上，20世纪90年代，诺贝尔奖得主莱德曼就指出，量子力学贡献了当时美国国内生产总值的三分之一。现在的比例还要高得多，很难找到与量子无关的新技术。所以说，量子力学是当代文明的一个重要基础。

这些较传统的科学技术，建立在量子力学基础之上，发展已经比较成熟。而近年来，有了一些量子科技新领域。基于对单个量子态的操控，量子科学技术出现了新的方向和新的生命力，正在迎来持续量子革命的第二次高潮，也可以说是第二次量子革命。比如，通过用量子态作为信息的载体，量子力学不仅像以前那样为信息技术提供硬件基础，而且还提供了软件基础。

这为中国量子力学和量子信息学发展提供了契机。我国在相关领域已经取得不少成就，而且在有些领域已经做到世界领先。希望能出现更多引领潮流的工作。2019年谷歌公司成功研制的一个量子处理器，能够在200秒内完成一项计算任务，是目前超级计算机需要很长时间才能完成的，这就是所谓的量子优势。这样的成果也应该在中国出现。

正如习近平总书记指出的，近年来，量子科技发展突飞猛进，成为新一轮科技革命和产业变革的前沿领域，加快发展量子科技，对促进高质量发展、保障国家安全具有非常重要的作用。

来源：《光明日报》

量子信息技术发展与应用

中国信息通信研究院

近年来，以量子计算、量子通信和量子测量为代表的量子信息技术的研究与应用在全球范围内加速发展，各国纷纷加大投入力度和拓宽项目布局。三大领域的技术创新活跃，重要研究成果和舆论热点层出不穷。我国量子信息技术研究和应用探索有望实现与国际先进水平并跑领跑。

一、量子信息技术总体发展态势

（一）量子信息技术成为未来科技发展关注焦点之一

随着人类对量子力学原理的认识、理解和研究不断深入，以及对微观物理体系的观测和调控能力不断提升，以微观粒子系统（如电子、光子和冷原子等）为操控对象，借助其中的量子叠加态和量子纠缠效应等独特物理现象进行信息获取、处理和传输的量子信息技术应运而生并蓬勃发展。量子信息技术主要包括量子计算、量子通信和量子测量三大领域，可以在提升运算处理速度、信息安全保障能力、测量精度和灵敏度等方面突破经典技术的瓶颈。量子信息技术已经成为信息通信技术演进和产业升级的关注焦点之一，在未来国家科技发展、新兴产业培育、国防和经济建设等领域，将产生基础共性乃至颠覆性重大影响。

量子计算以量子比特为基本单元，利用量子叠加和干涉等原理进行量子并行计算，具有经典计算无法比拟的信息携带能力和超强并行处理能力，能够在特定计算困难问题上提供指数级计算加速。量子计算带来的算力飞跃，有可能在未来引发改变游戏规则的计算革命，成为推动科学技术加速发展演进的"触发器"和"催化剂"。未来可能在实现特定计算问题求解的专用量子计算处理器，用于分子结构和量子体系模拟的量子模拟机，以及用于机器学习和大数据集优化等应用的量子计算新算法等方面率先取得突破。

量子通信利用量子叠加态或量子纠缠效应等进行信息或密钥传输，基于量子力学原理保证传输安全性，主要分量子隐形传态和量子密钥分发两类。量子密钥分发基于量子力学原理，保证密钥分发的安全性，是首个从实验室走向实际应用的量子通信技术分支。通过在经典通信中加入量子密钥分发和信息加密传输，提升网络信息安全保障能力。量子隐形传态在经典通信辅助之下，可以实现任意未知量子态信息的传输。量子隐形传态与量子计算融合形成量子信息网络，是未来量子信息技术的重要发展方向之一。

量子测量基于微观粒子系统及其量子态的精密测量，完成被测系统物理量的执行变换和信息输出，在测量精度、灵敏度和稳定性等方面比传统测量技术有明显优势。主要包括时间基准、惯性测量、重力测量、磁场测量和目标识别等方向，广泛应用于基础科研、空间探测、生物医疗、惯性制导、地质勘测、灾害预防等领域。量子物理常数和量子测量技术已经成为定义基本物理量单位和计量基准的重要参考，未来量子测量有望在生物研究、医学检测以及面向航天、国防和商业等应用的新一代定位、导航和授时系统等方面率先获得应用。

（二）各国加大量子信息领域的支持投入和布局推动

以量子计算、量子通信和量子测量为代表的量子信息技术已成为未来国家科技发展的重要领域之一，世界科技强国都对其高度重视。近年来，欧美国家纷纷启动了国家级量子科技战略行动计划，大幅增加研发投入，同时开展顶层规划及研究应用布局。

我国对量子信息技术发展与应用高度重视。科技部和中科院通过自然科学基金、重点研发计划和战略先导专项等项目对量子信息科研给予支持，同时论证筹备重大科技项目和国家实验室，进一步推动基础理论与实验研究。发改委牵头组织实施量子保密通信"京沪干线"技术验证与应用示范项目，国家广域量子保密通信骨干网络建设一期工程等试点应用项目和网络建设。工信部开展量子保密通信应用评估与产业研究，大力支持和引导量子信息技术国际与国内标准化研究。

（三）量子信息技术标准化研究受到重视并加速发展

近年来，全球范围内量子信息技术领域的样机研究、试点应用和产业化迅速发展，随着量子计算、量子通信和量子测量等领域新兴应用的演进，在术语定义、性能评价、系统模块、接口协议、网络架构和管理运维等方面的标准化需求也开始逐渐出现。

国际标准化组织纷纷成立量子信息技术相关研究组和标准项目并开展工作，2018年以来相关布局与研究工作明显提速。欧洲多国在完成QKD现网实验之后，欧洲电信标准化协会（ETSI）成立ISG-QKD标准组。国际标准化组织和国际电工委员会的第一联合技术委员会（ISO/IEC JTC1）成立了有我国专家参与的量子计算研究组（SG2）和咨询组（AG），发布量子计算研究报告和技术趋势报告，同时在信息安全分技术委员会（SC27）立项由我国专家牵头的QKD

安全需求与测评方法标准项目。国际电气和电子工程师协会（IEEE）启动了量子技术术语定义、量子计算性能指标和软件定义量子通信协议等 3 个研究项目。国际互联网工程任务组（IETF）成立量子互联网研究组（QIRG）开展量子互联网路由、资源分配、连接建立、互操作和安全性等方面的初步研究。

国际电信联盟电信标准化部门（ITU-T）对量子信息技术发展演进及其未来对信息通信网络与产业的影响保持高度关注。未来网络研究组（SG13）已开展 QKD 网络的基本框架、功能架构、密钥管理和软件定义控制等方面研究项目，网络安全研究组（SG17）则在 QKD 网络安全要求、密钥管理安全要求、可信节点安全要求、加密功能要求等方面开展研究，我国部门成员和学术成员担任部分标准编辑人并做出重要技术贡献。此外，我国还推动在 ITU-T 成立面向网络的量子信息技术研究焦点组（FG-QIT4N），全面开展量子信息技术标准化研究工作。

我国在量子保密通信网络建设和试点应用方面已具备较好的研究基础和实践积累，相关标准化研究工作也逐步展开。2017 年，中国通信标准化协会（CCSA）成立量子通信与信息技术特设任务组（ST7），开展量子通信和网络以及量子信息技术关键器件的标准研究，目前已完成 6 项研究报告，并开展量子保密通信术语定义和应用场景，QKD 系统技术要求、测试方法和应用接口等国家标准和行业标准的制定。QKD 技术还涉及密码的产生、管理和使用，中国密码行业标准化技术委员会（CSTC）也开展了QKD技术规范和测评体系等密码行业标准的研究。2019年1月，量子计算与测量标准化技术委员会（TC578）正式成立，计划开展量子计算和量子测量领域的标准化研究工作。

（四）量子信息技术创新活跃，论文和专利增长迅速

1.量子计算近年来论文和专利增长迅速

自20世纪90年代开始，各科技强国开始在量子技术领域加大投入，量子计算专利申请开始出现。2012年之前全球量子计算领域专利申请数量整体保持平稳，专利申请主要来自美国和日本。

2012年开始，随着欧美科技巨头开始大力投入和持续推动，全球各国科技企业和研究机构之间的相互竞争加剧，各国更加重视量子计算领域的知识产权布局，专利申请数量出现明显增长。

近20年来全球量子计算领域研究论文发表趋势和主要发文机构统计如图1所示，随着量子计算从理论走向物理实现，全球论文发表量也保持增长态势，特别是在2018—2019年，研究论文数量激增。从发表论文的研究机构来看，近五年来排名前20的机构中，中国占据3席，分别是中国科学院、中国科学技术大学和清华大学。其中，中国科学院的发文量持续快速上升，过去一年的新增论文数量仅次

于美国 MIT 和荷兰 TU Delft。美国量子计算研究重要机构多达 10 个，除了高校外，IBM、微软和 Google 等科技巨头也有较多研究成果发表。此外，德国 ETH Zurich、Max Planck Society、加拿大 Waterloo 大学、蒙特尔尔大学、日本东京大学也是重要的创新主体。

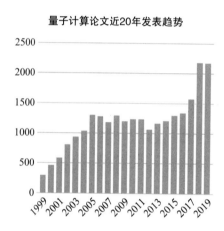

	量子计算过去5年论文主要机构	国别
1	IBM	美国
2	MIT	美国
3	Microsoft	美国
4	Delft University of Technology	荷兰
5	University of Oxford	英国
6	University of Waterloo	加拿大
7	Harvard University	美国
8	University of Maryland, College Park	美国
9	Université de Montréal	加拿大
10	中国科学院	中国
11	Max Planck Society	德国
12	ETH Zurich	德国
13	Princeton University	美国
14	University of Tokyo	日本
15	California Institute of Technology	美国
16	清华大学	中国
17	Google	美国
18	University of California, Berkeley	美国
19	University of California, Santa Barbara	美国
20	中国科学技术大学	中国

图1 量子计算领域发表论文趋势及主要发文机构

来源：中国信息通信研究院知识产权中心（Microsoft Academic 检索时间 2019.10）

2.量子通信领域中美两国专利数量领先

随着美、欧、英、日、韩等国的量子通信研发及试点应用的发展，专利作为重要的技术保护手段受到产学研界的重视，相关专利数量快速增长，量子通信领域全球专利申请和专利授权发展趋势如图2所示。

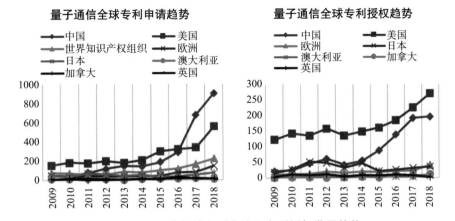

图2　量子通信领域专利申请和专利授权发展趋势

来源：中国信息通信研究院知识产权中心（检索时间2019.10)

　　美国和日本在量子通信领域的早期专利申请量较多，但近年来，专利申请密集地域向中国转移。随着我国在量子通信基础研究和应用探索的不断深入，以及量子保密通信产业的发展，预计未来专利授权量还将继续上升，也将吸引更多的外国公司来华布局专利。

　　2005年之后，量子密钥分发（QKD）技术研究从理论探索开始走向实用化，相关研究论文数量持续上升，近年QKD领域论文发表趋势和主要发文机构如图3所示。中、美、加、德、新、英等国以科研机构为主，日本则主要来自企业。我国中科大、北邮、清华、中科院、上交等院校的科研论文数量排名前列。相比之下，量子隐形传态（QT）的论文数量在2005年之前一直高于QKD，但近年来论文数量保持平稳并呈下降趋势，与其关键技术瓶颈仍未取得突破有一定关系。

量子测量和量子计量的专利论文增长

QKD论文近20年发表数量趋势

QT论文近20年发表数量趋势

	QKD过去5年重要科研机构	国别		QT过去5年重要科研机构	国别
1	中国科学技术大学	中国	1	Max Planck Society	德国
2	Université de Montréal	加拿大	2	TU Delft	荷兰
3	IBM	美国	3	University of Tokyo	日本
4	University of Toronto	加拿大	4	University of Bristol	英国
5	Max Planck Society	德国	5	中国科学技术大学	中国
6	Toshiba	日本	6	University of Vienna	奥地利
7	北京邮电大学	中国	7	中国科学院	中国
8	MIT	美国	8	University of Oxford	英国
9	清华大学	中国	9	NICT	日本
10	中国科学院	中国	10	University of Glasgow	英国
11	University of Bristol	英国	11	Austrian Academy of Sciences	奥地利
12	University of Waterloo	加拿大	12	University of Geneva	瑞士
13	University of Geneva	瑞士	13	MIT	美国
14	上海交通大学	中国	14	电子科技大学	中国
15	University of Ariaona	美国	15	清华大学	中国
16	University of Vigo	西班牙	16	NUS	新加坡
17	NICT	日本	17	University of Cambridge	英国
18	AIT	奥地利	18	Caltech	美国
19	NUS	新加坡	19	Swinburne University	澳大利亚
20	NTT	日本	20	University of Copenhagen	丹麦

图3 量子通信领域论文发表趋势及主要发文机构

来源：中国信息通信研究院知识产权中心（Microsoft Academic检索时间2019.10）

3.量子测量和量子计量的专利论文增长

与量子计算和量子通信相比，量子测量和量子计量领域的专利申请和研究论文总量偏少，近年也呈现增长趋势，如图4所示。

量子测量专利申请趋势
—— 美国 —— 中国 —— 日本

量子计算（Quantum metrology）论文近20年发表趋势
（篇）
■ Publications

图4 量子测量领域专利申请和论文发表趋势

来源：中国信息通信研究院知识产权中心（Microsoft Academic检索时间2019.10）

截至2019年10月公开的相关专利近千件，并且增长趋势强劲，从专利申请地域来看，美、中、日的专利申请量较多。论文方面，与量子计量（Quantum metrology）相关的论文数量持续上升。我国的中科大、中科院和北航等单位在量子精密测量领域持续开展科研攻关，开始步入量子测量和量子计量研究论文发表数量的国际前沿行列。

二、量子计算领域研究与应用进展

（一）物理平台探索发展迅速，技术路线仍未收敛

量子计算研究始于20世纪80年代，经历了由科研机构主导的基础理论探索和编码算法研究阶段，目前已进入由产业和学术界共同合作的工程实验验证和原理样机攻关阶段。量子计算包含量子处理器、量子编码、量子算法、量子软件、以及外围保障和上层应用等多个环节。其中，量子处理器是制备和操控量子物理比特的平台，量子编码是基于众多物理比特实现可容错逻辑比特的纠错编码，量子算法和软件是将计算困难问题与量子计算并行处理能力结合的映射和桥梁。目前，量子处理器的物理比特实现仍是量子计算研究的核心瓶颈，主要包含超导、离子阱、硅量子点、中性原子、光量子、金刚石色心和拓扑等多种方案，研究取得一定进展，但仍未实现技

术路线收敛。

目前，量子计算物理平台中的超导和离子阱路线相对领先，但尚无任何一种路线能够完全满足量子计算技术实用化的 DiVincenzo 条件，包括：（1）可定义量子比特；（2）量子比特有足够的相干时间；（3）量子比特可以初始化；（4）可以实现通用的量子门集合；（5）量子比特可以被读出。为充分利用每种技术的优势，未来的量子计算机也可能是多种路线并存的混合体系。

（二）"量子优越性"突破里程碑，实用化尚有距离

量子优越性（量子霸权）的概念由 MIT 的 John Preskill 教授首先提出，指量子计算在解决特定计算困难问题时，相比于经典计算机可实现指数量级的运算处理加速，从而体现量子计算原理性优势。其中，特定计算困难问题是指该问题的计算处理，能够充分适配量子计算基于量子比特的叠加特性和量子比特间的纠缠演化特性而提供的并行处理能力，从而发挥出量子计算方法相比于传统计算方法在解决该问题时的显著算力优势。

2019 年 10 月，《自然》杂志以封面论文形式报道了 Google 公司基于可编程超导处理器 Sycamore 这一实现量子优越性的重要研究成果。该处理器采用倒装焊封装技术和可调量子耦合器等先进工艺和架构设计，实现了 53 位量子物理比特二维阵列的纠缠与可控耦合，

在解决随机量子线路采样问题时，具有远超过现有超级计算机的处理能力。Google 的研究成果是证明量子计算原理优势和技术潜力的首个实际案例，具有里程碑意义。这一热点事件所引发的震动和关注，将进一步推动全球各国在量子计算领域的研发投入、工程实践和应用探索，为加快量子计算机的研制和实用化注入新动力。

需要指出的是，现阶段量子计算的研究发展水平距离实用化仍有较大差距。量子计算系统非常脆弱，极易受到材料杂质、环境温度和噪声等外界因素影响而引发退相干效应，使计算准确性受到影响，甚至破坏计算能力。发展速度最快的超导技术路线，在可扩展性、操控时间和保真度等方面也存在局限。以运行 Shor 算法破译密码为例，要攻破 AES 加密算法需要数千个量子逻辑比特，转换为量子物理比特可能需要数万个或者更多。现有研究报道中的物理量子比特数量和容错能力与实际需求尚有很大差距，量子逻辑比特仍未实现。通用量子计算机的实用化，业界普遍预计仍需十年以上时间。

在达到通用量子计算所需的量子比特数量、量子容错能力和工程化条件等要求之前，专用量子计算机或量子模拟器将成为量子计算发展的下一个重要目标。结合量子计算和量子模拟应用算法等方面的研究，在量子体系模拟、分子结构解析、大数据集优化和机器学习算法加速等领域开发能够发挥量子计算处理能力优势的"杀手级应用"，将为量子计算技术打开实用化之门。

（三）量子计算云平台成为热点，发展方兴未艾

量子处理器需要在苛刻的环境下进行运算和储存，通过云服务进行量子处理器的接入和量子计算应用推广成为量子计算算法及应用研究的主要形式之一。用户在本地编写量子线路和代码，将待执行的量子程序提交给远程调度服务器，调度服务器安排用户任务按照次序传递给后端量子处理器，量子处理器完成任务后将计算结果返回给调度服务器，调度服务器再将计算结果变成可视化的统计分析发送给用户，完成整个计算过程。近年来，越来越多的量子计算公司和研究机构发布量子计算云平台，以实现对量子处理器资源的充分共享，并提供各种基于量子计算的衍生服务。

量子计算云平台的通用体系架构，主要包括计算引擎层、基础开发层、通用开发层、应用组件层和应用服务层。量子计算云平台的服务模式主要分为三种：一是量子基础设施服务（q-IaaS），即提供量子计算云服务器、量子模拟器和真实量子处理器等计算及存储类基础资源；二是量子计算平台服务（q-PaaS），即提供量子计算和量子机器学习算法的软件开发平台，包括量子门电路、量子汇编、量子开发套件、量子算法库、量子加速引擎等；三是量子应用软件服务（q-SaaS），即根据具体行业的应用场景和需求设计量子机器学习算法，提供量子加速版本的AI应用服务，如生物制药、分子化学和交通治理等。目前，量子计算云平台以q-PaaS模式为主，提供量

子模拟器、计算工具和开发套件等软件服务。随着量子计算物理平台与云基础设施的深度结合，以及量子处理器功能和性能的不断发展，q-IaaS模式比重将逐步增多。

美国量子计算云平台布局较早，发展迅速。IBM已推出20位量子比特的量子云服务，提供QiKit量子程序开发套件，建立了较为完善的开源社区。Google开发了Cirq量子开源框架和OpenFermion-Cirq量子计算应用案例，可搭建量子变分算法（Variational Algorithms），模拟分子或者复杂材料的相关特性。Rigetti推出的量子计算云平台以混合量子+经典的方法开发量子计算运行环境，使用19位量子比特超导芯片进行无监督机器学习训练及推理演示，提供支持多种操作系统的Forest SDK量子软件开发环境。

我国量子计算云平台起步较晚，目前发展态势良好，与国际先进水平相比在量子处理器、量子计算软件方面的差距逐步缩小。中科大与阿里云共同推出11位超导量子计算云接入服务。华为发布HiQ量子计算模拟云服务平台，可模拟全振幅的42位量子比特，单振幅的81位量子比特，并开发兼容ProjectQ的量子编程框架。本源量子推出的量子计算云平台可提供64位量子比特模拟器和基于半导体及超导的真实量子处理器，提供Qrunes编程指令集，Qpanda SDK开发套件，推出移动端与桌面端应用程序，兼具科普、教学和编程等功能，为我国量子计算的研究和应用推广提供了有益探索。

（四）产业发展格局正在形成、生态链不断壮大

在量子计算领域，美国近年来持续大力投入，已形成政府、科研机构、产业和投资力量多方协同的良好局面，建立了在技术研究、样机研制和应用探索等方面的全面领先优势。

科技巨头间的激烈竞争，推动量子计算技术加速发展。Google、IBM、英特尔、微软在量子计算领域布局多年，霍尼韦尔随后加入，产业巨头基于雄厚的资金投入、工程实现和软件控制能力积极开发原型产品、展开激烈竞争，对量子计算成果转化和加速发展助力明显。Google 在 2018 年实现 72 位超导量子比特，在 2019 年证明量子计算优越性。IBM 在 2019 年 1 月展示具有 20 位量子比特的超导量子计算机，并在 9 月将量子比特数量更新为 53 位。微软在 2019 年推出量子计算云服务 Azure Quantum，可以与多种类型的硬件配合使用。霍尼韦尔的离子阱量子比特装置已进入测试阶段。

我国的阿里巴巴、腾讯、百度和华为近年来通过与科研机构合作或聘请具有国际知名度的科学家成立量子实验室，在量子计算云平台、量子软件及应用开发等领域进行布局。阿里与中科大联合发布量子计算云平台并在 2018 年推出量子模拟器"太章"。腾讯在量子 AI、药物研发和科学计算平台等应用领域展开研发。百度在 2018 年成立量子计算研究所，开展量子计算软件和信息技术应用等业务研究。华为在 2018 年发布 HiQ 量子云平台，并在 2019 年推出昆仑量

子计算模拟一体原型机。我国科技企业进入量子计算领域相对较晚，在样机研制及应用推动方面与美国存在较大差距。

初创企业是量子计算技术产业发展的另一主要推动力量。初创企业大多脱胎于科研机构或科技公司，近年来，来自政府、产业巨头和投资机构的创业资本大幅增加，初创企业快速发展。目前，全球有超过百余家初创企业，涵盖软硬件、基础配套及上层应用各环节，企业集聚度以北美和欧洲（含英国）最高。

尽管量子计算目前仍处于产业发展的初期阶段，但军工、气象、金融、石油化工、材料科学、生物医学、航空航天、汽车交通、图像识别和咨询等众多行业已注意到其巨大的发展潜力，开始与科技公司合作探索潜在用途，量子计算生态链不断壮大。

在量子计算研究和应用发展的同时，其产业基础配套也在不断完善。2019年英特尔与Bluefors和Afore合作推出量子低温晶圆探针测试工具，加速硅量子比特测试过程。

（五）应用探索持续深入，"杀手级应用"或可期待

当前阶段，量子计算的主要应用目标是解决大规模数据优化处理和特定计算困难问题（NP）。机器学习在过去十几年里不断发展，对计算能力提出巨大需求，结合了量子计算高并行性的新型机器学习算法可实现对传统算法的加速优化，是目前的研究热点。量

子机器学习算法主要包括异质学习（HHL）算法、量子主成分分析（qPCA）、量子支持向量机（qSVM）和量子深度学习等。目前，量子机器学习算法在计算加速效果方面取得一定进展，理论上已证明量子算法对部分经典计算问题具有提速效果，但处理器物理实现能力有限，算法大多只通过模拟验证，并未在真实系统中进行迭代，仍处发展初期。

目前，基于量子退火和其他数据处理算法的专用量子计算机，已经展开系列应用探索。Google联合多家研究机构将量子退火技术应用于图像处理、蛋白质折叠、交通流量优化、空中交通管制、海啸疏散等领域。JSR和三星尝试使用量子计算研发新材料特性。埃森哲、Biogen和1Qbit联合开发量子化分子比较应用，改善分子设计加速药物研究。德国HQS开发的算法可以在量子计算机和经典计算机上有效地模拟化学过程。摩根大通、巴克莱希望通过蒙特卡洛模拟加速来优化投资组合，以提高量化交易和基金管理策略的调整能力，优化资产定价及风险对冲。量子计算应用探索正持续深入，未来3到5年有望基于量子模拟和嘈杂中型量子计算（NISQ）原型机在生物医疗、分子模拟、大数据集优化、量化投资等领域率先实现应用。

三、量子通信领域研究与应用进展

（一）量子通信技术研究和样机研制取得新成果

量子通信主要分量子隐形传态（Quantum Teleportation，简称QT）和量子密钥分发（Quantum Key Distribution，简称QKD）两类。QT基于通信双方的光子纠缠对分发（信道建立）、贝尔态测量（信息调制）和幺正变换（信息解调）实现量子态信息直接传输，其中量子态信息解调需要借助传统通信辅助才能完成。QKD通过对单光子或光场正则分量的量子态制备、传输和测量，首先在收发双方间实现无法被窃听的安全密钥共享，再与传统加密技术相结合完成经典信息加密和安全传输，基于QKD的保密通信称为量子保密通信。

近年来，QT研究在空、天、地等平台积极开展实验探索。2017年，中科大基于"墨子号"量子科学实验卫星，实现星地之间QT传输，低轨卫星与地面站采用上行链路实现量子态信息传输，最远传输距离达到1400公里，成为目前QT自由空间传输距离的最远纪录。2018年，欧盟量子旗舰计划成立量子互联网联盟（QIA），由Delft技术大学牵头，采用囚禁离子和光子波长转换技术探索实现量子隐形传态和量子存储中继，计划在荷兰四城市之间建立全球首个光纤QT实验网络，基于纠缠交换实现量子态信息的直接传输和多点组网。

2019年，南京大学报道基于无人机开展空地量子纠缠分发和测量实验，无人机携带光学发射机载荷，完成与地面接收站点之间200米距离的量子纠缠分发测量。目前，QT研究仍主要局限在各种平台和环境条件下的实验探索，包括高品质纠缠制备、量子态存储中继和高效率量子态检测等关键技术瓶颈尚未突破，距离实用化仍有较大距离。

近年来，QKD的实验研究不断突破传输距离和密钥成码率的纪录。2018年，东芝欧研所报道了新型相位随机化双光场编码和传输实验，实现550公里超低损耗光纤传输距离记录，其中的双光场中心测量节点可以作为量子中继的一种替代方案。中科大和奥地利科学院联合报道了基于"墨子号"卫星实现7600公里距离的洲际QKD和量子保密通信，在可用时间窗口内，基于卫星中继的密钥传输平均速率~3kbps，在两地QKD密钥累积一定数量之后，可以用于进行图片和视频会议等应用的加密传输。日内瓦大学报道了采用极低暗记数的超导纳米线单光子探测器的QKD传输实验，创造了421公里的单跨段光纤传输最远距离，对应密钥成码率0.25bit/s，在250公里光纤传输距离对应密钥成码率为5kbit/s。东芝欧研所也报道基于T12改进型QKD协议和LDPC纠错编码的QKD系统实验，在10公里光纤信道连续运行4天，平均密钥成码率达到13.72Mbps。QKD实验研究进一步提升系统性能和传输能力，为应用推广奠定基础。

在量子通信领域，还有量子安全直接通信（Quantum Secure Direct Communication，简称QSDC）技术方向也值得关注。QSDC系统中信息接收端为Bob，信息发射端为Alice。Bob端脉冲光源经过衰减器和随机信号控制相位调制后，输出单光子量子态信号，在Alice端随机抽样检测一部分量子态信号，对剩余的量子态信号用两种不同幺正变换编码，发送经典信息，并通过原信道以时分复用方式反向回传到Bob端，Bob端根据接收到的单光子量子态与初始制备态的差异性检测，解调出Alice的编码信息。

2019年，清华大学物理系基于首创的QSDC理论和实验方案，实现了原理实验样机研制，并完成实验室光纤环境中基于QSDC的信息直接传输演示实验。实验室环境10公里光纤信道传输文件的信息传输平均速率约为4.69 kbit/s。QSDC的技术结合了QKD和QT的部分技术思想，以及信道安全容量分析等信息论方法，能够基于量子物理学和信息论同步实现经典信道安全状态监测和信息加密传输。目前实验样机系统的信息传输速率较为有限，需使用低温制冷超导探测器，实用化和工程化水平仍有较大提升空间。

（二）量子密钥分发技术演进关注提升实用化水平

随着QKD技术进入实用化阶段，不断开展试点应用和网络建设，进一步提升QKD技术实用化和商用化水平成为科研机构和产业链上下游关注和技术演进的主要方向。QKD实用化技术和应用演进的主要方向包括基于光子集成（PIC）技术提升收发机的集成度，采用连续变量（CV）QKD技术开展实验和商用设备开发，以及开展QKD与现有光通信网络的共纤传输和融合组网等方面的研究与探索。

QKD技术的商用化需要在设备集成度，系统可靠性，解决方案性价比和标准化程度等方面进行提升。通过与PIC和硅光等新型技术进行融合，可以进一步实现QKD设备光学组件的小型化和集成化，同时提升系统的功能性能和可靠性，目前已经成为研究机构和产业链上下游关注的焦点之一。英国Bristol大学已报道了基于InP和SiON等材料的PIC技术方案，可以实现QKD设备量子态信号调制器和解调器的芯片化集成，支持多种编码调制方案，可一定程度提高QKD系统工程化水平，但目前脉冲光源和单光子探测器（SPD）模块仍难以实现集成。我国深圳海思半导体有限公司和山东国讯量子芯科技有限公司等，在QKD调制解调芯片化领域也进行了研究布局。

CV-QKD中的高斯调制相干态（GG02）协议应用广泛，系统采用与经典光通信相同的相干激光器和平衡零差探测器，具有集成度与成本方面的优势，量子态信号检测效率可达80%，便于和现有光通信系统及网络进行融合部署。主要局限是协议后处理算法复杂度高，长距离高损耗信道下的密钥成码率较低，并且协议安全性证明仍有待进一步完善。CV-QKD 具有低成本实现城域安全密钥分发的潜力，应用部署难度小，产业链成熟度高，未来可能成为 QKD 规模应用可行解决方案。2019 年，北大和北邮报道了在西安和广州现网 30 公里和 50 公里光纤，采用线路噪声自适应调节和发射机本振共纤传输方案，实现 5.91kbit/s 和 5.77kbit/s 的密钥成码率，为 CV-QKD 现网实验的新成果，并在青岛开展现网示范应用。

QKD 商用化系统在网络建设和部署过程中，由于量子态光信号的极低光功率，以及单光子探测器的超高检测灵敏度，所以通常需要独立的暗光纤进行传输，而与其他光通信信号进行共纤混合传输，可能导致光纤内产生的拉曼散射噪声影响单光子检测事件响应的正确率。QKD 系统与光通信系统的共纤混传能力是限制现网部署的一个关键性因素，也是未来发展演进的重要研究方向之一。目前，已有中科大，东芝欧研所，中国电信和中国联通等报道了基于 1310nm 的 O 波段 DV-QKD 系统与 1550nm 的 C 波段光通信系统的共纤混传实验和现网测试，但 QKD 系统的密钥成码率对光纤的损耗敏感，在实际应用部署中并不推荐使用 O 波段，并且 1310nm 的 QKD 系统商用化程度较低。商用 QKD 系统通常采用 1550nm 的 C 波段作为量子态光信号波长，与 1310nm 的 O 波段光通信设备的共纤混传，也在部分运营商进行了相关测试。在限制光通信信号功率至接收机灵敏度范围的条件下，可以支持 QKD 在约 50 公里的城域范围内共纤传输和融合部署，并且密钥成码率与独占光纤传输条件仍基本保持相同量级。

未来，在含有光放大器的商用光通信系统中，进行QKD系统的融合组网和共纤传输，仍然是重要研究方向，在共纤传输方面，CV-QKD采用本振光相干探测和平衡接收，对于拉曼散射噪声具有较强的容忍度，相比DV-QKD具有一定原理性优势。

（三）量子保密通信应用探索和产业化进一步发展

基于QKD的量子保密通信在全球范围内进一步开展了试点应用和网络建设，欧盟"量子旗舰计划"项目支持西班牙和法国等地运营商，开展QKD实验网络建设，与科研项目结合进行商业化应用探索。韩国SKT等运营商通过收购瑞士IDQ股权等方式，也开始介入QKD技术领域，并承建了韩国首尔地区的QKD实验网络。

我国量子保密通信的网络建设和示范应用发展较为迅速，近年来中科大潘建伟院士团队及其产业公司开展了"京沪干线"和国家广域量子保密通信骨干网络建设一期工程等QKD网络建设项目。中国科大郭光灿院士团队联合相关企业建设了从合肥到芜湖的"合巢芜城际量子密码通信网络"，以及从南京到苏州总长近600公里的"宁苏量子干线"；华南师大刘颂豪院士团队和清华大学龙桂鲁教授团队联合启动建设覆盖粤港澳大湾区的"广佛肇量子安全通信网络"。我国的QKD网络建设和示范应用项目的数量和规模已处于世界领先。

在产业链发展方面，近年来我国又新增了一批由科研机构转化或海外归国人才创立的QKD设备供应商，并且在技术路线上呈现多元化发展态势。CV-QKD技术在北大、北邮、上海交大和山西大学等高校和研究机构中取得大量研究成果。上海循态量子、北京启科量子、北京中创为量子和广东国腾量子等公司加入QKD设备供应商行列，同时传统通信设备行业中的华为和烽火等设备供应商，也开始关注基于CV-QKD等技术的商用化设备，并与传统通信设备和系统进行整合，探索为信息网络中的加密通信和安全增值服务提供解决方案。

基于QKD的量子保密通信目前主要用于点到点的密钥共享和基于VPN和路由器等有线网络的信息传输加密。探索将QKD与无线通信加密应用场景结合，对于扩展量子保密通信的应用场景，开拓商业化应用市场，以及推动产业化发展具有重要价值。其中的主要难点是量子密钥一旦生成之后，就不再具有由量子物理特性保证的安全性，所以密钥本身不能再通过通信网络进行二次传输。通过使用QKD网络作为密钥分发基础设施，在不同QKD网络节点的安全管理域内，使用密钥充注设备可以为符合一定安全性等级要求的移动存储介质，例如SD卡等，进行密钥充注。密钥存储介质再与具备身份认证和加密通信功能的无线终端进行融合，可以实现使用量子密钥对无线终端与加密服务器之间的身份认证和会话密钥协商过程的加密保护，从而为无线通信领域的加密应用提供一定程度的量子加密服务。目前该解决方案已有初步商用化设备，并开始探索在政务和专网等高安全性需求领域的无线加密通信应用，未来可能成为扩展量子保密通信商业化应用的一个重要方向。

（四）量子保密通信网络现实安全性成为讨论热点

在量子保密通信试点应用和网络建设发展的同时，量子保密通信系统和网络的现实安全性也是学术界、产业界和社会舆论关注的问题之一。近来，中科大郭光灿院士团队和上海交大金贤敏教授团队发表的关于QKD系统现实安全性的研究论文，进一步引发了关于量子保密通信系统和网络现实安全性的讨论。

QKD技术经过近40年的发展，其中密钥分发的安全性由量子力学的基本原理保证，理论安全性证明也相对完备，QKD技术在提供对称密钥的安全性方面的价值已经获得全球学术界和产业界的承认并达成共识，但基于QKD的量子保密通信系统和网络的现实安全性仍然是值得关注和研究的问题。

QKD只是量子保密通信系统的一个环节，量子保密通信系统整体满足信息论可证明安全性需要QKD、一次一密加密和安全身份认证三个环节，缺一不可。目前QKD商用系统在现网光纤中的密钥生成速率约为数十kbit/s量级，对于现有信息通信网络中的SDH、OTN和以太网等高速业务，难以采用一次一密加密，通常与传统对称加密算法（例如 AES、SM1 和 SM4 加密算法）相结合，由 QKD 提供对称加密密钥。在此情况下，由于存在密钥的重复使用，并不满足一次一密的加密体制要求。需要指出的是，相比传统对称加密体系，量子保密通信仍然能够带来安全性提升和应用价值，一方面相比原有对称加密算法的收发双发自协商产生加密密钥，QKD 所提供的加密密钥在密钥分发过程的防窃听和破解的能力得到加强。另一方面 QKD 能够提升对称加密体系中的密钥更新速率，从而降低密钥和加密数据被计算破解的风险。

QKD 技术能够保障点到点的光纤或自由空间链路中的密钥分发的安全性。由于量子存储和量子中继技术距离实用化仍有一定距离，长距离的 QKD 线路和网络需要借助"可信中继节点"技术，进行逐段密钥分发，密钥落地存储和中继。密钥一旦落地存储，就不再具备量子态和由量子力学保证的信息论安全性，QKD 线路和网络中的"可信中继节点"需要采用传统信息安全领域的高等级防护和安全管理来保证节点自身的安全性。目前针对"可信中继节点"的安全性防护要求、标准化研究工作正在逐步开展，测评工作有待加强。未来进一步加强可信中继节点技术要求、安全性分析和测评方法等标准的研究与实施，将是保障量子保密通信网络建设和应用的现实安全性的重要措施之一。通过明确可信中继节点的安全防护要求和实施方案并通过相关测评验证，结合符合相应等级要求的密钥中继管理方案，可以实现符合安全性等级保护要求的 QKD 组网和应用。

QKD技术的信息论可证明安全性是指理论证明层面，对于实际QKD系统而言，由于实际器件（例如光源、探测器和调制器等）无法满足理论证明的假设条件，即可能存在安全性漏洞，所以QKD系统的现实安全性以及漏洞攻击和防御，一直是学术界研究的热点之一。前述的中科大郭光灿院士团队和上海交大金贤敏教授团队的研究报道，都是针对QKD实际系统的安全性漏洞进行攻击和防御改进的学术研究成果。需要指出的是，此类研究通常在完全控制系统设备的条件下，采用极端条件模拟（例如超高光功率注入等方式）来攻击系统获取密钥信息，与实际系统和网络中可行的攻击和窃听属于不同层面。并且此类研究的出发点和落脚点也是在于改进和提升QKD系统的实际安全性，通常都会给出针对所提出的攻击方式的系统防御策略和解决方案，而非否定QKD系统安全性。针对QKD系统和网络现实安全性的学术研究在未来将会持续进行，从实际应用层面而言，QKD系统和网络也需要持续进行现实安全性研究和测评验证。

（五）量子保密通信规模化应用与产业化仍需探索

QKD系统的性能指标和实用化水平仍有提升空间。目前由于系统协议，关键器件和后处理算法等方面的限制，商用QKD系统在现网中的单跨段光纤传输距离通常在百公里以内，密钥成码率约为数十kbit/s量级，系统传输能力和密钥成码率有待进一步提高。同时，QKD设备系统的工程化水平也有一定提升空间，例如偏振调制型设备在抗光纤线路扰动方面存在技术难点；单光子探测器需要低温制冷，对机房环境温度变化较为敏感；QKD系统和网络的管理和运维等方面尚未完全成熟。此外，量子保密通信系统和网络需要密钥管理设备和加密通信设备进行联合组网，密钥管理设备属于信息安全领域，加密通信设备属于信息通信领域，目前量子保密通信业界与信息通信行业和信息安全行业的合作与融合还比较有限，设备产品的工程化和标准化水平需进一步提升和演进。

量子保密通信技术的应用发展还面临加密体制的技术路线竞争。量子保密通信的应用背景主要是面向未来量子计算对于现有公钥加密体系的计算破解威胁。一方面，量子计算的发展目前还处于多种技术路线探索的样机实验阶段，尽管近年来发展加速，但是距离实现真正具备破解密码体系的大规模可编程通用化量子计算能力仍有很长的距离；另一方面，信息安全行业也在为应对量子计算可能带来的安全性威胁进行积极准备，目前以美国国家标准和技术研究院（NIST）主导的抗量子计算破解的新型加密体系和算法的全球征集和评比已经完成第一轮筛选，计划在2023年左右完成三轮公开评选，并推出新型加密体制标准，我国上海交大、复旦大学和中科院等单位提交的新型加密方案也参与其中。未来，抗量子计算破解的安全加密体制存在量子保密通信和后量子安全加密的技术路线竞争，加快提升QKD系统成熟度、实用化水平和性价比，是抢占先机的关键。

量子保密通信的商业化应用和市场开拓仍需进一步探索。量子保密通信是对现有的保密通信技术中的对称加密体系的一种安全性提升，能够解决密钥分发过程的安全性问题，提升对称加密通信的安全性水平，但是并不能完全解决信息网络中面临的所有安全性问题。量子保密通信主要适用于具有长期性和高安全性需求的保密通信应用场景，例如政务和金融专网，以及电力等关键基础设施网络等，市场容量和产业规模相对有限，目前主要依靠国家和地方政府的支持和投入。量子保密通信技术的商业化应用推广和市场化发展仍然面临技术成熟度、设备可靠性和投入产出性价比等方面的考验，需要产学研用各方共同努力，从设备升级、产业链建设、标准完善和商用化探索等多方面共同推动。

我国面临的信息安全形势错综复杂，在政务、金融、外交、国防和关键基础设施等领域，提高信息安全保障能力的需求较为紧迫，对量子保密通信技术带来的长期信息安全保障能力有客观需求和应用前景。同时，量子保密通信技术的产业应用和市场化推广，也需要其自身技术成熟度、设备工程化、现实安全性和可靠性水平的不断提升，以满足规模化应用部署和运维管理等方面的条件和要求。针对量子保密通信系统设备的工程化和实用化的关键瓶颈开展基础性共性技术，例如高性能单光子探测器、集成化调制解调器和高性能后处理算法等领域的攻关突破，将政策支持的优势真正转化为核心技术和产品功能性能的优势，进一步提升系统工程化水平和解决方案性价比，是应用发展演进和产业做大做强的关键所在。

（六）QKD 应用观点尚未统一，PQC 将成为竞争者

近期，欧美多家研究机构和政府部门公开发布了关于 QKD 技术特性、问题瓶颈、应用场景和发展前景的研究分析和观点立场，其中的认识理解观点各异，应用建议也是见仁见智。

2019 年 10 月，欧盟委员会联合研究中心（JRC）发布《QKD 现网部署》研究报告，梳理总结了全球各国的 QKD 现网部署情况，并对相关研究应用进展和技术指标情况进行分析。其中指出，QKD 技术是否能够提供具有无可争议优势的应用场景尚有待明确，当前应用的主要局限是密钥生成速率和传输距离有限，需要专用基础设施，以及难以实现端到端的安全性。绝大多数已知的 QKD 现网部署为公共研究资金支持，少有私营部门的应用部署。尽管 QKD 现网部署取得明显进展，但缺乏具有明显优势和定义清晰的应用场景，技术差距仍然存在，限制了其实际应用。

2019 年 12 月，美国国防部（DoD）国防科学委员会公开了《量子技术应用》研究报告的内容摘要版，其中列举了对量子传感、

量子计算、量子通信和纠缠分发三大领域共24条核心观点发现，其中三条涉及QKD技术。发现六：原则上，量子密钥分发（QKD）提供自然信息理论（Shannon）密码安全性。QKD系统不支持经过身份验证的密钥交换。发现七：QKD的实施能力或安全性不足，无法部署用于DoD任务。委员会任务组同意国家安全局（NSA）对QKD认证的评估。发现八：应了解和跟踪QKD在国外的开发和使用。

美国国家安全局（NSA）在其官方网站列出了关于QKD和量子加密应用的观点。文中指出五条技术局限，一是QKD只是部分解决方案；二是需要专用设备；三是增加了基础架构成本和内部威胁风险；四是安全性和验证是重大挑战；五是增加了服务失效的风险。文中结论是NSA将抗量子计算破解加密算法（Post Quantum Cryptography，PQC，也称量子安全密码或后量子密码）视为比QKD更具成本效益且易于维护的解决方案。NSA不支持使用QKD来保护国家安全系统中的通信，除非克服了上述限制，否则不会认证或批准QKD安全产品。

2020年3月，英国国家数字安全中心（NCSC）发布《量子安全技术》立场白皮书。其中指出，QKD协议需要与确保身份验证的加密机制一起部署，这些加密机制也必须防范量子威胁。QKD并不是应对量子计算威胁的唯一方法，NIST等国际标准组织正在进行的PQC标准化工作，这些算法不需要专用硬件，可通过身份验证共享密钥，避免中间人攻击风险。NCSC同意加密密钥只是保护复杂系统所必须采用的许多机制之一，需要更多研究以了解如何实现QKD协议并将其集成到复杂系统中。NCSC欢迎QKD领域目前正在进行的研究和认证工作。NCSC不支持在任何政府或军事应用中使用QKD，并告诫不要在关键业务网络（尤其是关键国家基础设施领域）完全依赖QKD。NCSC的建议是，对量子计算威胁最好的应对方法是PQC。

2020年5月，法国国家网络安全局（ANSSI）发布《是否应将QKD用于安全通信》技术立场报告。其中指出，QKD最合理的用途是与对称加密一起，在彼此足够靠近并由光纤连接的固定位置之间提供通信安全性。QKD传输距离限制（或需要使用卫星来克服它们），其点对点性质以及对通道物理的依赖性，使得其大规模部署极为复杂且成本很高。QKD对于无直连链路的两点间生成公共密钥需要依靠可信中继，与目前端到端密钥协商方案相比，是一种倒退。多年来，密码界一直在考虑量子计算机威胁，新的量子安全非对称算法通过NIST组织的评选正在标准化，来替代易受量子计算影响的算法。ANSSI建议在需要长期安全性（十年或更长）时尽快使用量子安全密码学（PQC）。QKD原则上提供的安全保证带有重大部署约束，这些约束会减小所提供服务的范围，并在实践中损害QKD的安全保证。在点对点链接上使用QKD可以被认为是对传统密码技术的补充。

2020 年 5 月，美国智库哈德森（Hudson）研究所发布《高管量子密码学指南：后量子世界中的安全性》报告，对 QKD 技术原理、应用场景和发展情况进行了简述。其中指出，面对量子计算的威胁，一种解决方案是抗量子计算破解密码学，但其基于加密算法无法被量子计算破解的假设，这一假设无法被证明且存在风险。另一种方案是使用量子技术提供的工具，包括 QKD 和 QRNG。QKD 是唯一的一种基于量子物理特性证明安全性的远距离密钥传输方法，将成为所有高价值数据网络的安全基石。今天，美国在这一领域并不是唯一玩家，甚至不是领导者。未来，随着 QKD 技术的发展和成熟，将形成包括空间网络在内的全球量子通信网络的基础。

公钥加密体系是当今网络信息安全的基石之一。面临量子计算可能带来的公钥数学问题计算破解风险，欧美研究机构提出研究旨在面对量子计算和经典计算均能保证其加密安全性新一代公钥加密体系，即 PQC。美国 NIST 牵头于 2016 年启动全球 PQC 算法征集和评比，至 2020 年 7 月已完成三轮评选，从最初的 69 项算法提案中评选出 7 项公钥加密和数字签名算法入围，预计在 2023 年左右推出 PQC 算法国际标准。我国中科院信工所团队提出的格密码提案未能入围第三轮。PQC 算法是对于已知量子计算风险威胁的一种算法层面的升级响应，但其他未知的风险与威胁仍留待未来去解决，目前评选多种算法的做法也有不把所有鸡蛋放在同一个篮子里的考虑。PQC 基于现有公钥加密体系进行算法升级，对于系统架构和硬件改动较少，利于规模化推广应用，将与QKD形成技术解决方案的路线竞争。二者未来也可能相互融合，但发展趋势尚有待观察。

2020年4月，美国智库兰德（RAND）公司公布《量子计算时代的安全通信》报告，其中预测能够破解公钥密码体系的量子计算机可能在2033年左右年出现，将给信息安全带来攻击性和追溯性风险，需尽快推动敏感信息业务的PQC升级迁移。报告同时呼吁美国政府重视量子计算带来的信息安全威胁，加快推进PQC标准化，在政府信息系统层面强制推行PQC升级，并加快其商用化应用推广。

四、量子测量领域研究与应用进展

（一）量子测量突破经典测量极限，应用领域广泛

信息技术包含信息获取、处理、传递三大部分，与测量、计算和通信三大领域分别对应。精密测量技术作为从物理世界获取信息的主要途径，在信息技术中起着至关重要的作用。精密测量不仅在基础科学研究方面具有重要的学术价值，而且还能服务于国家重大需求，对各领域的科学进步具有推动作用，具有重大的研究意义。精密测量的本质是测量系统与待测物理量的相互作用，通过测量系统性质的变化表征待测物理量的大小。经典测量方法的精度往往受

限于衍射极限、散粒噪声和海森堡极限等因素，测量精度提升面临困难。

近年来量子技术的发展，使得对微观对象量子态的操纵和控制日趋成熟，量子测量技术也应运而生。利用量子相干、量子纠缠、量子统计等特性可以突破经典力学框架下的测量极限，从而实现更高精度的测量。基于微观粒子系统和量子力学特性实现对物理量进行高精度的测量称为量子测量。在量子测量中，电磁场、重力、加速度、角速度等外界环境直接与原子、离子、电子、光子等量子体系发生相互作用并改变它们的量子状态，最终通过对这些变化后的量子态进行检测实现外界环境的高灵敏度测量。而利用当前成熟的量子态操控技术，可以进一步提高测量的灵敏度。

在量子计算、量子通信等领域，量子系统的量子状态极易受到外界环境的影响而发生改变，严重制约着量子系统的稳定性和健壮性。量子测量恰恰利用量子体系的这一"缺点"，使量子体系与待测物理量相互作用，从而引发量子态的改变来对物理量进行测量。对于量子测量的定义，一直存在着争议和疑问。根据国内外量子信息技术领域技术分类和业界调研反馈，广义量子测量可以涵盖利用量子特性来获得比经典测量系统更高的分辨率或灵敏度的测量技术。量子测量技术应具有两大基本特征：一是操控观测对象是微观粒子系统，二是与待测物理量相互作用导致量子态变化，而具备以上两点特征的测量技术可以纳入量子测量的范畴。

图5 量子测量的基本流程和主要步骤

来源：中国信息通信研究院

量子测量可以分为以下五个基本步骤。其中，量子态初始化是将量子系统初始化到一个稳定的已知基态；初始测量态，根据不同的应用及技术原理，通过控制信号将量子系统调制到初始测量状态；与待测物理量相互作用，通过待测物理量（重力、磁场等）作用在量子系统上一段时间，使其量子态发生改变；量子态读取，通过测量确定量子系统的最终状态（比如测量跃迁光谱、弛豫时间等）；结果转换则将测量结果转化为经典信号输出，获取测量值。

外界物理量和量子系统的相互作用可分为横向作用和纵向作用，其中的横向作用会诱导能级间的跃迁，从而增加其跃迁率；纵向作用通常导致能级的平移，从而改变其跃迁频率。通过测量跃迁率和跃迁频率的变化实现物理量的探测。

量子测量涵盖电磁场、重力应力、方向旋转、温度压力等物理量，应用范围涉及基础科研、空间探测、材料分析、惯性制导、地质勘测、灾害预防等诸多领域，当前量子测量研究和应用的主要领域及其技术体系如图6所示。通过对不同种类量子系统中独特的量子特性进行控制与检测，可以实现量子惯性导航、量子目标识别、量子重力测量、量子磁场测量、量子时间基准等领域的测量传感，未来发展趋势主要是高精度、小型化和芯片化。

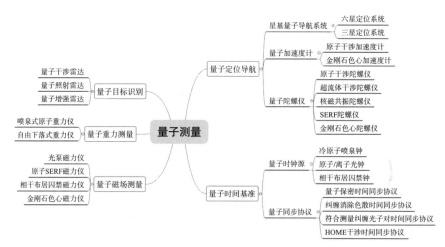

图6 量子测量主要应用领域和技术体系
来源：中国信息通信研究院

　　按照对量子特性的应用，量子测量分三个层次，第一层次是基于微观粒子能级测量；第二层次是基于量子相干性（波状空间时间叠加态）测量；第三层次是基于量子纠缠进行测量，突破经典的理论极限。其中，前两个层次虽然没有充分利用量子叠加和纠缠等独特性质，但是目前技术较成熟，涉及面宽，涵盖了大部分量子测量场景，部分领域已经实现产品化。第一层次从20世纪50年代就逐步在原子钟等领域开始应用。近些年随着量子态操控技术研究的不断深入，基于自旋量子位的测量系统开始成为研究热点，通过外部物理量改变能级结构，通过探测吸收或发射频谱对外部物理量进行测量。第二层次主要利用量子系统的物质波特性，通过干涉法进行外部物理量的测量，广泛应用于量子陀螺仪、量子重力仪等领域，技术相对成熟，精度较高，但是系统体积通常较大，短期内较难实现集成化。第三个层次条件最为严苛，同时也最接近量子的本质。基于量子纠缠的量子测量技术研究还比较少，主要集中在量子目标识别、量子时间同步和量子卫星导航领域。受制于量子纠缠态的制备和测量等关键技术瓶颈，目前主要在实验室研究阶段，距离实用化较远。

（二）自旋量子位测量有望实现芯片化和集成应用

利用自旋量子位进行精密测量是量子测量领域中一个相对较新的领域。量子体系的自旋态地与磁场强度相关，磁场变化会导致自旋量子位的能级结构变化，从而改变辐射或吸收频谱，通过对谱线的精密测量就可以完成磁场测量。另外，自旋量子位的能级结构还与温度、应力有关，利用类似原理实现温度、应力的精密测量。在自旋量子位上沿特定方向加外磁场，当自旋量子位发生旋转或者与磁场发生相对位移时，可实现角速度和加速度的精密测量。基于自旋量子位的测量体系的优点在于高灵敏度和高频谱分辨率，自旋量子位的操控和读取对环境要求较低，便于应用。其空间分辨率远小于光学成像的衍射极限，有望用于对微纳芯片和生物组织的检测与成像。

金刚石氮位（Nitrogen-Vacancy，NV）色心是一种近期备受关注的自旋量子位，可实现对多种物理量的超高灵敏度检测，广泛地应用于磁场、加速度、角速度、温度、压力的精密测量领域，具有巨大的潜力。目前金刚石色心测量系统已实现芯片化，基于金刚石色心的芯片级陀螺仪、磁力计、磁成像装置均有报道。例如美国 MIT 2020 年首次报道了在硅芯片上制造了基于金刚石色心的量子传感器，实现对磁场的精密测量，功能包括片上微波的产生和传输，以及来自金刚石量子缺陷的携带信息荧光的片上过滤和检测，器件结构紧凑，功耗较低，在自旋量子位测量和 CMOS 技术的结合方面迈出关键一步。此外，金刚石色心量子测量还能实现纳米级的空间分辨率。中科大 2020 年首次实现基于金刚石色心的 50 纳米空间分辨力高精度多功能量子传感。该成果为高空间分辨力非破坏电磁场检测和实用化的量子传感打下了基础，可应用于微纳电磁场及光电子芯片检测，拓宽远场超分辨成像技术应用场景。自旋偶极耦合在密集自旋体系中产生压缩，有望使测量灵敏度接近海森堡极限。

（三）量子纠缠测量处于前沿研究，实用尚有距离

量子纠缠作为量子光学乃至量子力学最为核心的课题，获得了研究者们的广泛关注。随着 EPR 佯谬的提出，人们逐步发现并确认了量子态的非定域性。

利用量子纠缠这种非定域性可以实现距离的精确测量，一对纠缠光子包含信号光子和闲置光子，将信号光子发往距离未知的待测位置，闲置光子发送到位置固定的光电探测器，分别记录光子的量子态和到达时间，并通过经典信道进行信息交互，通过联合测量两地到达时间可以计算出距离。如果采用三组基点对统一位置进行测量，就可以在三维空间中唯一确定待测点的位置，基于此原理即可实现量子卫星定位系统（QPS）用于高精度量子定位导航。如果距离是已知参数，根据此原理还可用于测量两地的时钟差，进而实现两地的高精度时钟同步，此原理被应用在量子时间同步协议中。类似于量子通信的原理，如果测量过程中存在窃听者，纠缠态会遭到破坏，测量数据将不再关联，从而达到防窃听的目的，也提高了系统的安全性。

量子纠缠特性还广泛应用于量子目标识别领域。干涉式量子雷达和量子照射雷达都将纠缠光作为光源。干涉式量子雷达使用非经典源（纠缠态或压缩态）照射目标区域，在接收端进行经典的干涉仪原理进行检测，通过利用光源的量子特性，可以使雷达系统的距离分辨能力和角分辨能力突破经典极限。量子照射雷达在发射信号中使用纠缠光源扫描目标区域，在接收处理中进行量子最优联合检测，从而实现目标的高灵敏探测。

目前，基于量子纠缠的量子测量多处于理论研究阶段，原理样机的报道较少。主要原因在于高质量性能稳定的纠缠源制备目前尚未实现突破，另外高性能单光子探测技术瓶颈也制约其发展，单光子探测器的灵敏度、暗计数、时间抖动等性能参数直接决定了量子测量的精度，有待进一步改进和提升。

（四）超高精度量子时钟同步有望助力未来通信网

随着5G、物联网、车联网等新兴技术的兴起，时间同步精度的需求也日益提高。从早期的日晷，水钟，到机械钟，石英钟，再到原子钟，人类对时间的测量越来越精确。目前通信网络中主要使用GPS卫星信号提供高精度的时间源，但卫星信号不再能满足未来通信网络的全部需求，主要原因包括：卫星信号不能覆盖室内场景，卫星授时可靠性和安全性待提高，卫星接收机成本高。为了满足未来通信网络同步需求，需研究超高精度时钟源和高精度同步传输协议，量子时钟源可以提供不确定度优于1e-17超高精度时钟源，量子时间同步协议结合量子纠缠等技术可以为未来通信网络提供高精度和高安全性的同步传输协议。

量子时钟源利用原子能级跃迁谱线的稳定频率作为参考，通过频率综合和反馈电路来锁定晶体振荡器的频率，从而得到准确而稳定的频率输出。根据跃迁频率范围分类，量子时钟源可分为光钟和微波钟两大类。目前微波钟的不确定度最高可达到~1e-16量级。由于时钟源的稳定性和精度极大程度上取决于参考谱线的线宽 Δv 与谱线中心频率 v 的比值 Δv/v。光波频率比微波频率高 4~5 个数量级，并且光学频率标准的频率噪声远小于原子钟，与原子微波钟相比，光钟的稳定性、精度和位相噪声都有数量级的改善。

由于还没有电子系统能够直接并准确地记录原子及离子 5e14 次 / 秒的光学振动，需要一种有效连接光频与射频的频率链。光学频率梳为超高精度同步实现提供了新的技术手段，可将光频率的稳定性和精度"传递"到微波频率，使得微波原子钟具有与光钟相同的输出特性，提高时钟输出精度。光学频率梳也是量子时钟源的一个重要研究方向。高精度与小型化是量子时钟源两大发展趋势，高精度量子时钟源可用于协调世界时（UTC）产生，小型化芯片级量子时钟源可用作星载钟，在卫星导航和定位等领域发挥重要作用。

随着高精度时间同步技术在基础科研、导航、定位、电力、通信以及国防等方面的广泛应用，将对同步传输精度提出更高要求。时频网络由多时钟源组成，即使所有的时钟源都具有非常高的精度，由于时钟源之间存在频率差和初始相位差，各钟面读数仍不相同，需要时间同步协议对网络中的时钟源进行同步和修正。

量子时间同步协议与经典同步协议相比，具有同步精度高、安全防窃听、可消除色散等优点，从而受到广泛的关注。根据理论分析，经典同步协议受限于经典测量的散粒噪声极限，而对于量子时间同步协议，其准确度将达到量子力学中的海森堡极限，比经典时

间同步极限提高 $\sqrt{MN}$ 倍，其中 N 为一个脉冲中包含的平均光子数，M 为脉冲数。目前经典时间同步技术最高精度可达100ps，目前量子时间同步协议原理性实验中，时间同步精度有望进入ps量级。

量子时间同步系统可以把量子时间同步协议与量子保密通讯相结合，开发出具备保密功能的量子时间同步协议，从而有效应对窃密者的偷听行为。通过通道间的频率纠缠特性还可以消除传播路径中介质色散效应对时钟同步精度的不利影响。目前，远距离量子时间同步协议的研究工作尚处于原理探索研究阶段，关于系统实验和应用的报道较少。量子纠缠及压缩态的光子的制备成为制约该领域发展的重要瓶颈，距离实用化仍较远。量子时钟源提供了超高精度的时间和频率基准源，量子时间同步协议提供了一种高精度、安全防窃听的同步信息传输机制，二者结合有望能够满足未来通信网络时间基准需求。

（五）量子测量产业初步发展，仍需多方助力合作

量子测量技术涉及军事、民生、科研诸多领域，各国竞相布局。欧美国家量子测量领域多为高校、研究机构、企业、军队、政府多方联合助力，共同推进技术发展和产业推广，实现研究成果落地和产品化。

目前量子时钟源、量子磁力计、量子雷达、量子重力仪、量子陀螺、量子加速度计等领域均有样机产品报道，可应用于军事、航天航空、医疗、能源、通信等领域，国内的研究多集中于高校和科研机构，从科研成果来看，部分领域与欧美国家仍有一定差距，总体稳步推进。但是，与欧美国家相比，国内研究机构和行业企业之间的合作交流十分有限，缺乏沟通合作的平台与机制，成果转化和知识产权开发较为困难。目前国内已经产业化的领域多集中在量子时钟源领域，少数企业致力于量子目标识别，量子态操控与读取等领域的研发。

从产业分析来看，量子测量产业市场收入将稳步增长。根据BCC Research的统计分析，全球量子测量市场收入由2018年的1.4亿美元增长到2019年的1.6亿美元，并预测未来5年年复合增长率将在13%左右。欧美国家，特别是北美地区量子测量产业收入最高，预计将继续主导收入份额。北美地区是量子测量先进技术的领导者和推动者，亚太地区特别是中国，有望为量子测量产业提供巨大的市场。随着国内对车联网、物联网、远程医疗等新兴技术研究的持续升温，超高精度低成本的传感器、生物探针、导航器件等关键器件的需求量会呈指数增长，为量子测量产业提供了广阔的市场空间。

量子测量领域具有巨大的发展潜力和广阔的市场前景，我国量子测量领域某些关键技术研究仍处于跟随阶段，与世界先进水平的指标参数仍有数量级的差距。量子测量在实际应用中，不同的应用场景对性能指标的要求不尽相同，需要完备的指标体系，不是简单地追求某一个性能参数的不断提升。实验室研究应与实际应用、产业发展紧密结合，在追求性能指标提升的基础上，更加关注集成化、实用化和工程化，并掌握自主知识产权。

五、量子信息技术发展与应用展望

（一）理论与关键技术待突破，领域发展前景各异

量子信息技术的研究和应用发展植根于量子物理学的基础研究和理论探索。通过认识和利用微观粒子系统的物理规律引发了第一次量子科技革命，诞生了半导体、激光和核能等新技术领域。而直接观测和操控光子、电子和原子等微观粒子系统，并借助量子叠加和纠缠等特性进行信息采集、传输和处理，则是以量子信息技术为代表的第二次量子科技革命的主要特征。

现阶段的量子物理学理论虽然能够对量子叠加、量子纠缠、量子遂穿等微观粒子系统的独特实验现象和观测结果进行严谨描述和精确预测，即回答了"是什么"的问题，但是距离理想和完备的刻画和解释微观物质世界的运行规律，即回答"为什么"的问题，仍有令人困惑之处。例如，微观世界量子态和宏观世界经典态之间的

界限与联系何在；既按照薛定谔方程演化又在测量时坍缩的波函数是物质波还是概率波；微观量子系统和经典测量仪器如何区分界定等。量子物理学的理论问题仍在激励物理学家不断研究和探索，未来的重大理论突破将进一步促进和推动量子信息技术的研究和应用发展。

量子信息三大技术领域在研究发展水平，技术实用化程度，产品工程化能力和产业化应用前景等方面各有差异。量子信息技术的研究和应用中一些共性关键技术和核心问题瓶颈需要进一步攻关突破。例如，量子通信中的高品质量子态光源，高效纠缠制备分发及探测，高性能单光子探测，以及量子态存储与中继技术等；量子计算中的高维纠缠态制备与操控，高品质样品材料制备，超低温和磁场隔离环境，高精度操控测量系统等；量子测量中的高精度操控系统和集成化隔离屏蔽环境等。上述基础共性关键问题研究的攻关和突破，是量子信息技术进入实用化和产业化的主要控制性因素。

量子信息技术研究和应用探索发端于20世纪90年代，目前总体处于基础科研向应用研究转化的早期阶段，其技术发展演进和应用产业推广既具有长期性，也存在不确定性。总体而言，真正具有改变游戏规则和颠覆性意义的"杀手级应用"尚未出现，各领域新兴技术的商业化应用和产业化发展的路线有待进一步探索。

在量子计算领域，基于多种技术路线的物理平台探索和量子物理比特数量提升持续取得进展，"量子优越性"得到首次验证。但可扩展量子计算的物理平台实现方案仍未明确，可容错量子逻辑比特仍未实现，量子计算解决实际计算困难问题的算力优势尚未充分验证，量子计算的适用范围和能力边界仍需进一步探索。未来五年内可能在专用处理器和某些应用领域取得一定突破，但实现通用化可编程量子计算仍是长期而艰巨的任务。

在量子通信领域，进入实用化阶段的量子密钥分发主要面向信息安全领域应用，其应用范围和影响力相对有限，同时面临后量子安全加密技术的竞争，商业化应用和产业发展仍需进一步探索。量子隐形传态和量子存储中继技术是实现未来量子信息传输和组网的重要方向，未来仍处于理论研究和实验探索阶段，实用化前景不明朗。

在量子测量领域，原子钟、核磁共振陀螺和单光子探测等基于已有技术平滑升级演进的量子测量方向发展更加成熟，实用化水平更高。而基于量子相干性检测和量子纠缠探测的新技术方向在技术成熟度、设备集成化和工程化水平等方面仍有较大提升空间。未来量子测量在国防和航天等领域的应用有可能率先取得突破。

（二）我国具备良好的实践基础，机遇和挑战并存

我国在量子信息技术领域的研究和应用虽然起步稍晚，但与国际先进水平没有明显代差，在量子计算、量子通信和量子测量三大技术领域均有相关研究团队和工作布局。近年来，在科研经费投入，

研究人员和论文发表数量，研究成果水平，专利申请布局，应用探索和创业公司等方面具备较好的实践基础和发展条件。我国已经成为全球量子信息技术研究和应用的重要推动者，与美国和欧洲共同成为推动量子信息技术发展和演进的重要力量。

量子通信方面，中科大、清华、北大、北邮和上海交大等研究机构的研究成果与国际先进水平基本同步，在量子保密通信试点应用、网络建设和星地量子通信探索方面处于领先。量子保密通信产业基本形成，国科量子、科大国盾、安徽问天和上海循态等公司积极探索和推动应用与产业发展，各地方政府、电网、银行和互联网企业等单位开始探索采用量子保密通信进行信息安全保护。

量子计算方面，中科大、清华、浙大和中科院等研究机构也取得多项具有世界水平的研究成果，例如20光子量子计算的玻色采样实验处于领先，已报道20比特超导量子计算实验，预计未来1到2年可达到50比特量级。同时，阿里、百度、腾讯和华为等科技公司开始投入量子计算硬件平台、软件算法和应用探索的研究，本源量子等初创公司也开始崭露头角。

量子测量方面，中科大、北航、中科院和航天科工等科研机构在量子陀螺、重力仪、磁力计、时间基准等领域开展了大量研究，研究成果和原理样机的关键指标参数与国际先进水平的差距正在逐步缩小。在量子随机数参考基准和量子时频同步网络等应用探索方面，也开始进行布局和推动。同时，国耀量子雷达和国仪量子等初创公司在单光子光学雷达和NV色心谱分析等领域开展应用探索。

我国在重大项目组织协调方面具备集中力量办大事的体制优势，同时快速发展的经济水平，较为完备的工业体系和体量庞大的统一市场也能够为量子信息领域新兴技术的应用和产业发展提供广阔空间和有力支撑。量子信息技术发展演进存在技术路径、应用探索和产业模式不确定性，学术界开放探索和研究合作仍是主流，产业界尚未形成技术壁垒和寡头垄断。我国具备在量子信息技术领域聚力加快发展，力争与国际先进水平实现并跑或领跑的时间窗口和宝贵机遇。

我国量子信息技术发展和应用探索也存在一些问题瓶颈和挑战。量子信息领域研究发展和应用探索的顶层设计和规划布局尚未形成有机整体，对重点研究领域的规划指导和投入支持力度不足。学术界普遍存在论文导向的科研模式，与产业界融合进行应用探索和产业推动的合作交流有限，科技企业参与度和初创公司活跃度较低，科研合作与应用转化机制待探索。同时在支持量子信息技术发展和应用的产业基础，例如材料样品、制冷设备、操控系统等方面仍有一些短板，未来可能成为制约工程化实现和实用化推广的关键瓶颈。在人才引进、培养和选拔机制方面的管理和评价机制缺乏灵活性和多样性，在与量子信息技术配套的工程、工艺、软件、测评和标准化等方向的专业化人力资源的支撑能力较弱。

量子信息技术的发展和应用具有重要性和长期性，在国家层面制定量子信息领域整体发展战略，推出总体发展规划，加快论证实施相关科技项目，协同推进国家实验室建设，可以有效引导和推动研究和应用发展。在量子计算领域，建立研究机构与其他科研院所，以及信息通信、化工制药、人工智能等领域产业界的合作平台与机制，依托实际需求进行计算困难问题在量子计算处理器和云平台的建模解析、算法映射和协同研发，是促进量子计算实用化研究的有效途径。在量子通信领域，对于已经进入实用化的量子密钥分发和量子保密通信，依托现有试点项目和网络建设，组织开展标准制定、测评认证、产业发展政策等应用研究，进一步促进商用化推广和产业发展成熟。在量子测量领域，加强科研项目布局中的工程化和实用化指标考核，推动研究成果落地转化，以及研究机构和行业应用部门的沟通交流合作。此外，量子信息技术研究和应用涉及诸多工业基础配套和工程研究环节，加强在材料工艺、核心器件和测控系统等问题瓶颈的攻关突破，对于应用和产业的可持续发展具有重大意义。

来源：中国信息通信研究院

量子保密通信的现实安全性

王向斌　马雄峰　徐飞虎　张　强　潘建伟

　　某微信公众号发表了一篇题为"量子加密惊现破绽"的文章，宣称"现有量子加密技术可能隐藏着极为重大的缺陷"。其实该文章最初来源于美国《麻省理工科技评论》的一篇题为"有一种打破量子加密的新方法"的报道，该报道援引了上海交通大学金贤敏研究组的一篇尚未正式发表的工作论文。

　　此文在微信公众号发布后，国内很多关心量子保密通信发展的领导和同事都纷纷转来此文询问我们的看法。事实上，我们以往也多次收到量子保密通信安全性的类似询问，但一直未做出答复。这是因为学术界有一个通行的原则：只对经过同行评审并公开发表的学术论文进行评价。但鉴于这篇文章流传较广，引起了公众的关注，

　　王向斌，清华大学教授。马雄峰，清华大学副教授。徐飞虎，中国科学技术大学教授。张强，中国科学技术大学教授。潘建伟，中国科学技术大学常务副校长、中国科学院院士。

为了澄清其中的科学问题，特别是为了让公众能进一步了解量子通信，我们特撰写此文，介绍目前量子信息领域关于量子保密通信现实安全性的学界结论和共识。

现有实际量子密码（量子密钥分发）系统主要采用BB84协议，由 Bennett 和 Brassard 于 1984 年提出。与经典密码体制不同，量子密钥分发的安全性基于量子力学的基本原理。即便窃听者控制了通道线路，量子密钥分发技术也能让空间分离的用户共享安全的密钥。学界将这种安全性称之为"无条件安全"或者"绝对安全"，它指的是有严格数学证明的安全性。20 世纪 90 年代后期至 2000 年，安全性证明获得突破，BB84 协议的严格安全性证明被 Mayers，Lo，Shor-Preskill 等人完成。

后来，量子密钥分发逐步走向实用化研究，出现了一些威胁安全的攻击，但这并不表示上述安全性证明有问题，而是因为实际量子密钥分发系统中的器件并不完全符合上述（理想）BB84 协议的数学模型。归纳起来，针对器件不完美的攻击一共有两大类，即针对发射端——光源的攻击和针对接收端——探测器的攻击。

"量子机密惊现破绽"一文援引的实验工作就属于对光源的木马攻击。这类攻击早在 20 年前就已经被提出，而且其解决方案就正如文章作者宣称的一样，加入光隔离器这一标准的光通信器件就可以了。该工作的新颖之处在于，其找到了此前其他攻击没有提到的控制光源频率的一种新方案，但其对量子密码的安全性威胁与之前的同类攻击没有区别。尽管该工作可以为量子保密通信的现实安全性研究提供一种新的思路，但不会对现有的量子保密通信系统构成任何威胁。其实，自2000年初开始，科研类和商用类量子加密系统都会引入光隔离器这一标准器件。举例来说，现有的商用诱骗态BB84商用系统中总的隔离度一般为100dB，按照文章中的攻击方案，需要使用约1000瓦的激光反向注入。如此高能量的激光，无论是经典光通信还是量子通信器件都将被破坏，这就相当于直接用激光武器来摧毁通信系统，已经完全不属于通信安全的范畴了。

而对光源最具威胁而难以克服的攻击是"光子数分离攻击"。严格执行BB84协议需要理想的单光子源。然而，适用于量子密钥分发的理想单光子源至今仍不存在，实际应用中是用弱相干态光源来替代。虽然弱相干光源大多数情况下发射的是单光子，但仍然存在一定的概率，每次会发射两个甚至多个相同量子态的光子。这时窃听者原理上就可以拿走其中一个光子来获取密钥信息而不被察觉。光子数分离攻击的威胁性在于，不同于木马攻击，这种攻击方法无须窃听者攻入实验室内部，原则上可以在实验室外部通道链路的任何地方实施。若不采用新的理论方法，用户将不得不监控整个通道链路以防止攻击，这将使量子密钥分发失去其"保障通信链路安全"这一最大的优势。事实上，在这个问题被解决之前，国际上许多知名量子通信实验小组甚至不开展量子密钥分发实验。2002年，韩国学者黄元瑛在理论上提出了以诱骗脉冲克服光子数分离攻击的方法；

2004年，多伦多大学的罗开广、马雄峰等对实用诱骗态协议开展了有益的研究，但未解决实用条件下成码率紧致的下界；2004年，清华大学学者王向斌在《物理评论快报》上提出了可以有效工作于实际系统的诱骗态量子密钥分发协议，解决了现实条件下光子数分离攻击的问题；在同期的《物理评论快报》上，罗开广、马雄峰、陈凯等分析了诱骗态方法并给出严格的安全性证明。在这些学者的共同努力下，光子数分离攻击问题在原理上得以解决，即使利用非理想单光子源，同样可以获得与理想单光子源相当的安全性。2006年，中国科技大学潘建伟等组成的联合团队以及美国Los-Alamos国家实验室NIST联合实验组同时利用诱骗态方案，在实验上将光纤量子通信的安全距离首次突破100公里，解决了光源不完美带来的安全隐患。后来，中国科技大学等单位的科研团队甚至把距离拓展到200公里以上。

　　第二类可能存在的安全隐患集中在终端上。终端攻击，本质上并非量子保密通信特有的安全性问题。如同所有经典密码体制一样，用户需要对终端设备进行有效管理和监控。量子密钥分发中对终端的攻击，主要是指探测器攻击，假定窃听者能控制实验室内部探测器效率。代表性的具体攻击办法是，如同Lydersen等的实验那样，输入强光将探测器"致盲"，即改变探测器的工作状态，使得探测器只对它想要探测到的状态有响应，或者完全控制每台探测器的瞬时效率，从而完全掌握密钥而不被察觉。当然，针对这个攻击，可以采用监控方法防止。因为窃听者需要改变实验室内部探测器属性，用户在这里的监控范围只限于实验室内部的探测器，而无须监控整个通道链路。

尽管如此，人们还是会担心由于探测器缺陷而引发更深层的安全性问题，例如如何完全确保监控成功，如何确保使用进口探测器的安全性等。2012年，罗开广等提出了"测量器件无关的（MDI）"量子密钥分发方案，可以抵御任何针对探测器的攻击，彻底解决了探测器攻击问题。另外，该方法本身也建议结合诱骗态方法，使得量子密钥分发在既不使用理想单光子源又不使用理想探测器的情况下，其安全性与使用了理想器件相当。2013年，潘建伟团队首次实现了结合诱骗态方法的MDI量子密钥分发，后又实现了200公里量子MDI量子密钥分发。至此，主要任务就变成了如何获得有实际意义的成码率。为此，清华大学王向斌小组提出了4强度优化理论方法，大幅提高了MDI方法的实际工作效率。采用此方法，中国科学家联合团队将MDI量子密钥分发的距离突破至404公里，并将成码率提高两个数量级，大大推动了MDI量子密钥分发的实用化。

总之，虽然现实中量子通信器件并不严格满足理想条件的要求，但是在理论和实验科学家的共同努力之下，量子保密通信的现实安全性正在逼近理想系统。目前学术界普遍认为测量器件无关的量子密钥分发技术，加上自主设计和充分标定的光源可以抵御所有的现实攻击。此外，还有一类协议无须标定光源和探测器，只要能够无漏洞地破坏 Bell 不等式，即可保证其安全性，这类协议称作"器件无关量子密钥分发协议"。由于该协议对实验系统的要求极为苛刻，目前还没有完整的实验验证，近些年的主要进展集中在理论工作上。由于器件无关量子密钥分发协议并不能带来比 BB84 协议在原理上更优的安全性，加之实现难度更大，在学术界普遍认为这类协议的实用价值不高。

综上所述，过去二十年间，国际学术界在现实条件下量子保密通信的安全性上做了大量的研究工作，信息论可证的安全性已经建立起来。中国科学家在这一领域取得了巨大成就，在实用化量子保密通信的研究和应用上创造了多个世界纪录，无可争议地处于国际领先地位。令人遗憾的是，某些自媒体在并不具备相关专业知识的情况下，炒作出一个吸引眼球的题目对公众带来误解，对我国的科学研究和自主创新实在是有百害而无一利。

来源：墨子沙龙公众号

墨子号：漫漫追星路

印　娟

　　众所周知，墨子号是全球首颗量子科学实验卫星，是十二五期间立项的四颗先导卫星中的一个。它在2011年由中科院牵头研制，于2016年8月16号在酒泉卫星发射中心发射，并从此进入了公众的视野。算一下，墨子号的研制总共大概花费了五年多的时间。卫星发射后，先进行了四个月的在轨测试，于2017年的1月18号正式交付使用，供科学家进行科学实验。墨子号设定的使用寿命是两年，因此我们需要在两年内完成全部预定的科学实验。但实际上，在卫星发射之后的2017年的8月，我们就已经完成了所有的实验。后续的这三年间，我们一直都在开展相应的拓展实验。

　　从卫星发射至今又过了四年，加上卫星研制的五年，就有点类似于五四制的九年义务教育。很自然的，有九年义务教育，也就有

作者系中国科学技术大学教授。

学龄前的六到七年的时间。

2012年年底，《自然》杂志以"空间量子竞赛"为题，介绍了我们国家和欧洲团队在自由空间量子通信方面的竞争。然而，最早在2005年，我们就已经在合肥开展了首个13公里的纠缠分发的实验。也就是说从2005年到2011年，再到2020年，中国的量子通信行业相当于经历了学前儿童、小学和初中，如今已经成长为一名高中生。在整个这样一个成长过程中，它到底解锁了哪些技术，以及它又取得了哪些很有显著性的成果？接下来进行展开说明。

首先我还是要跟大家介绍一下量子基本概念。量子是构成物质的最基本单元，它是能量的最基本的携带者。日常生活中的光源，比如灯、太阳等，你看到的是一个整体的亮度，如果把这样的能量细分，分到最后无法再分割的时候，就是一个光子。不可分割的这样一个光子，就是一个量子。同样，原子、分子也是量子的一种表现形式。只需记住一点，量子是不可分割的。此外，当某个量子承担起量子通信的一些实验时，它是唯一的，理论上不可能再找到一个跟它一模一样的量子，让我能够偷偷在旁边去观测它或者是干任何其他事情。

量子还有一个特性：相干叠加性。经典比特可以是在0或者1中的某一个状态，而量子比特可以处在 $|0>+|1>$ 的混合态，可以以不同的比例混合。如果你对它进行任何的测量，其状态就会坍缩，所以它是唯一的。打一个简单的比方：一个飞速旋转的硬币，在被拍下

来之前，你不知道他处于正面还是反面；如果去拍它，它会按照一定的概率塌缩，但那个塌缩后的状态并非其原始的飞速旋转的状态。所以对量子的单次测量不能够得到其全部信息，因而不能够重新构造，也不能够被复制。

对于单粒子的体系，量子的不可分割性、测不准特性以及不可克隆性，形成了在量子密钥分发里安全性的基础。而对于双粒子的体系，相干叠加性会导致一个更有趣的性质——量子纠缠。

我是"墨子号"量子科学实验卫星项目中，负责制造天上量子纠缠源的主任设计师，因为后面的介绍会涉及量子纠缠，所以在这里先介绍一下处于量子纠缠态的两个量子会有哪些特性。大家对薛定谔的猫有一定的概念，这个猫可能会处于活的状态，或者是死的状态，或者是半死不活的状态。但是对于其他的量子，可能会有很多种能够塌缩的状态，比如六面的骰子。当两个骰子处于纠缠状态的时候，如果对其中一个进行测量，假如说它处在3的状态，那么不管另外一个骰子相距多远，哪怕是跑到月球上去，它也会同时立刻塌缩到3的状态。这种现象即为量子纠缠，曾被爱因斯坦称为遥远地点之间的诡异互动。

量子纠缠这样一种无论分隔多远都有关联的现象，可以用作量子通信和量子隐形传态。此外可以用来检验量子力学的基本概念，同时也是可升级量子信息处理的核心资源。

量子通信是量子信息领域最接近实用化的一个方向。当我们说到通信，就希望地球上不管是什么地方的人，都有可能建立这样一个通信。所以向更远距离的拓展，一直是量子通信的很重要的研究方向。

在技术路线上，一开始有两条路：光纤量子信道和自由空间量子信道。光纤信道是一个很成熟的概念，现在的家用光纤网络，都已经可以入户了。而且光纤技术也很成熟，比如说其损耗，每公里只有0.2dB。如果短距离使用的话，比如10公里、20公里，它可能只会衰减一半的能量。但它的损耗是随着距离指数衰减的，在20公里的衰减可能很小，但是如果长度达到1000公里时，0.2dB乘以1000公里就是200dB。200dB是什么概念？如果一个光子经过传输，最后剩下的概率是10^{-20}。对于现在的光源系统，我需要花1000年才能传一个光子过去，所以光纤量子信道就没有办法使用。这是光子的固有损耗带来的问题。除此之外，光纤还会跟环境有一些耦合，使得量子态，包括前面提到的量子纠缠，会有退相干的效应，所以它就很难向更远的距离发展。而光纤信道要做得较长，就会存在这样的问题。当然现在也有很多的同行在做这方面的事情，因为毕竟在某些场合，比如局域网，光纤信道用起来还是很方便的。

所以我们的方向就选择了自由空间的量子通信，因为近地面的大气层等效厚度大概在八公里左右，太空的外面基本上是没有损耗的，而且自由空间几乎没有退相干效应。所以从我进入这个领域开始，所从事的方向就是基于空间平台的自由空间量子通信。

要实现基于空间平台的自由空间量子通信，需要分成好几步走。

首先第一步，由于光量子不能放大、不能克隆，而且传输损耗非常大，所以需要让其先在大气中传一段，让它能"被看到"。在一开始，我们做了13公里和16公里的实验，都是去验证，检验这样一个量子态，在穿过等效大气十公里之后，它的量子态是否依然能够保持有效。

第一步的实验只是保证了在大气中短距传输的损耗在我们能够接受的范围，但这样的一个状态，还是没有办法保证上卫星。因为与卫星之间的传输，除了要考虑更高光的损耗之外，还需要考虑发射的光张角的变化。此外，我们还需要保证光束对卫星的跟瞄，这对实验的稳定性提出了很高的要求。

第二步，我们选择在青海湖模拟星地真实链路，因为其满足我们对实验地点的要求，即100公里目视可及。我们模拟了卫星运动的许多模式，比如先让转台在屋里定点转动，激光器在远处跟瞄，然后让转台在汽车、吊车上转动，或者让气球把吊篮吊上去，再将气球升空，做垂直维度的跟瞄，或是在飞机上，做对飞机的跟瞄，以模拟飞行速度很快的情况。

通过这一系列模拟卫星姿态的怪招，我们解锁了一些关键技术，比如说高精度的捕获跟瞄技术。这意味着我们在卫星过顶的时候，可以做到自动捕获，以及高灵敏的能量分辨探测技术，还有更重要的光源技术。从最初的实验，到这一步实验结束，光源亮度已经提升了100倍，这为后续卫星的立项直接奠定了非常牢固的基础。

上述的实验是在2011年左右结束。前面的一系列实验成果在11月份墨子号的立项论证过程中起到了至关重要的作用。在立项论证时，我们说我们的基本目标是进行卫星和地面的量子密钥分发，拓展任务是进行空间尺度的量子力学非定域性检验，以及地面和卫星的量子隐形传态。但在整个研制的过程中，我们把这三大任务并列当成了我们必须要做的事情。因为我们在光源、链路和探测方面都做到了极致，所以我们在2017年就完成了所有的科学目标。

举一个简单的例子，因为这是一个科学卫星，我们可以为了科学目标去做必要的调整。这颗卫星最早其实设计在600公里的轨道运行，而实际运行在500公里轨道。降轨在卫星的体系里面，属于一个非常重大的调整。而调整的原因在于我们的拓展目标。拓展目标是地到天的过程，就是源在地上，探测器在天上。但我们在研制的过程中发现，探测器就算不开机，在天上受到质子的辐照之后，会有位移效应，它的噪声会快速地增长。卫星上去一般都有三到四个月的在轨测试，通过计算以后发现，探测器上去三到四个月以后，它的暗计数就增长到不能够做实验了。于是我们就做了几方面的改进，一方面是通过一系列的电子学上的降温、防辐射等手段减少暗计数；另外一个就是把轨道从600公里降到500公里，因为在500公里以下，探测器受到地球磁场的保护，辐照也会有大幅的减少。

在这三个主要任务完成之后，我们这三年又开展了一系列的拓展实验。

墨子号是一个太阳同步轨道卫星，所以它每天晚上在当地时的12点都会飞过当地上空。比如说你家在北京，今天晚上北京时间的12点，它会经过一次你的头顶；如果你在乌鲁木齐，它会在北京时间晚上的2点多过乌鲁木齐，因为乌鲁木齐的当地时是12点；到北京时间第二天早上的7点，又到欧洲晚上的半夜12点了，它又飞过维也纳。这样一个飞行之后，卫星可以跟地面上任意一个点做量子通信，通信完以后，卫星跟所有的人都有密钥，卫星的作用相当于一个中继点。

但是要用密钥的人都在地面，那么怎么办？假如维也纳想跟乌鲁木齐之间建立密钥，而天上的卫星知道这两个密钥，只需做一个与或的逻辑运算，并把结果发给乌鲁木齐，乌鲁木齐用它的密钥把密码翻译一下，就跟维也纳一一对应了。所以这个过程中，卫星成为了一个可信的中继，为什么是可信？卫星知道所有的事情，如果你从卫星上拿到信息，卫星就能清楚地知道维也纳和乌鲁木齐之间拿走的是什么信息，而卫星可以把这个信息解码。

除了可信中继方案外，还有另外一种通信方案能够仅让通信的双方知晓互相的信息，而仅把卫星作为一个产生纠缠和分发纠缠的一方。由于处于纠缠态的两个光子，无论分到哪里，即使分到地面站，依旧会处于纠缠状态。那么这两个人只要检测到它的纠缠，就可以拿它来生成密钥，而且是一对一的密钥。采用这个方式以后，因为卫星它没有对纠缠进行任何的操作，没有获得任何的信息，所以密钥只在地上的两方来产生。即使卫星不是自己造的，而是其他国家造的，甚至是你自己造的却被别人控制了，也没有关系，因为密钥只取决于你自己对纠缠的检测。

尽管第二个方案保密性更强，但现在它的码率非常低，量级在0.1bit/s。而第一个方案的码率在1kbit/s。这颗卫星是我们自己造的，所以我们可以完全相信卫星，并用它来生成和传递一些商用的密码。而第二个方案的密钥量非常的少，如果要积累足够的密钥来用，需要非常多的资源，所以它可以用在一些高等级、对安全级别要求更高的，对密钥量需求不大的场合。从应用上来看两种方案各有优势。

除了量子通信方向，墨子号还做了一些其他尝试，例如引力导致纠缠退相干的模型。量子力学和广义相对论是现代物理理论框架的两个支柱，但是它们之间还没有完美地融合，如今出现了很多的理论。广义相对论指出，在地球引力场的情况下时空会弯曲，时空的弯曲会导致时间的平移。假设纠缠的一对光子中，有一个光子在地上放着，另外一个发到卫星上，在飞的过程当中，它前后光子，本来是排着队一起走，一对一的跟地上纠缠，但是在飞的过程中受到引力的影响，跟地上的光子不同步。就会导致在数光子时，如果只数发到卫星的这一路时，它和未受到引力影响时相同，但当与地上的光子关联时，就会看到这个地方掉下去了，就不一样了。

如果看到往下掉的过程，就表示观察到了引力导致退相干的结果。实际上，实验结果是符合量子力学的：无论光子飞多远，实验结果还是看到一对一对的，并没有发现引力影响了测试的结果。所以我们和理论的作者一起，把他原来的理论模型进行了升级。现在卫星500公里（轨道）太低了，所以需要更高的轨道，可能就会观察到引力带来的效应。那也给我们提出了更高的实验要求。除此之外，墨子号还可以进行高精度的安全视频的传递。

卫星发射以后，取得的一些成果都获得了很好的国际评价，这四年来也一直保持着它的热度。在2019年年底，《Nature》杂志评选21世纪头十年的科学大事件，把"墨子号"的成果也列入其中。而"墨子号"第一个发布的成果，就是《Science》杂志上发表的双向纠缠密钥分发结果，也获得了当年美国科学促进会的"克利夫兰奖"。这是自该奖在1923年设立的90多年以来，我们国家本土的成果首次获得这个奖。

"墨子号"的新一代会有哪些事情要做？虽然"墨子号"很成功，但是它只是一颗低轨的卫星，它过一个实验站的时间只有6分钟左右，仅能覆盖范围1000公里直径的范围，而且只能在地影区工作，所以它离实际应用还有一定的距离，我们还有很多事情要做。

我们未来的目标是要实现全球化的量子通信，这就要通过"量子星座"来完成。首先我们利用"墨子号"上已经成熟的技术，把它做到小型化，并使用多颗卫星组网。如果卫星的质量做到50公斤左右，其研制、发射成本会明显降低。通过三到五颗这样的卫星组网就可以覆盖整个地球。地上的某一个站可以持续一个星期刷新密钥，在初步的商业应用方面将会起到很好的作用。

　　除了一颗低轨的卫星，我们还要把目光投到更高的中高轨卫星，甚至是同步轨道。但是到了同步轨道，卫星只有0.6%的机会是在地影区，其他都是被太阳照亮的。所以我们还要解决地面站不能在白天开展实验的问题。此外，除了天上的卫星组网，我们还需要将现有的地面站小型化。

　　总的来讲，我们的目标是要建立一个完整的天地一体化的广域量子保密通信网络体系，并且跟经典通信网络实现无缝的链接，共同结合，实现安全的保密通信。

来源：墨子沙龙公众号

单光子相机：如何实现"雾里看花"

徐飞虎

从两个实验说起

一个是2018年8月我们在上海做的实验。我们搭建了一个单光子相机系统，把它搬到了崇明岛上。我们的目标是对45公里外的浦东民航大厦进行拍照。为了完成这个实验，我们在崇明岛租了一个宾馆，然后把我们的系统搬到了宾馆的大概20层上，因为站得高才能望得远。我们先做了一个对比实验，我们选的是商用能买到的最好的天文望远镜，同时结合一台佳能相机，对浦东民航大厦进行拍摄。在2018年8月，上海雾霾是非常严重的，所以用最好的天文望远镜和佳能相机，我们拍到的也只是一个非常模糊的图像。而用我

作者系中国科学技术大学教授。

们单光子相机拍摄，可以很清楚地看到了一个大楼的轮廓。

第二个实验，我们选的另一个目标也是在上海：购物中心K11。我们在22公里外对K11进行拍摄，同样我们用最好的天文望远镜和相机进行比对拍摄，即使是22公里，由于雾霾的影响，也基本上什么都看不到。然后用我们的单光子相机，效果就很好。

我们对比了K11真实的图像，单光子相机很清楚地呈现了K11的整体面貌。这里我再强调一下，我们的相机不仅能拍出图像，而且这幅图像还是三维的。所以我们的单光子相机不仅能够实现"雾里看花"，同时也能够实现多一个维度的成像，我们叫它"三维成像"。

什么是单光子相机？

那么我们是怎么做到的呢？一个核心技术就是我们发展的远距离单光子相机。远距离单光子相机的核心是激光成像雷达技术，以及在量子信息里发展出的高精度单光子探测技术。

那么激光雷达是一个什么原理？我们主动发一束光，打到建筑物上——任何的建筑物，比如说激光笔打到墙上。通过漫反射过程，必然有光子被反射回来，我们通过探测器接收反射回来的光子。我们发射很多很多个脉冲，就会收到很多很多个反射回来的光子。

最终对于每一个点，我们收到一个这样的柱状图。

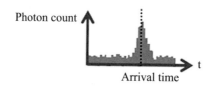

你会看到一个小峰，由这个小峰的时间和发射时间之差，我们就知道光的飞行时间。通过光的飞行时间，我们就可以算出建筑物某一点离我们有多远。而通过收集到的光子数的多少，我们就知道这个建筑物是黑色的还是白色的。然后我们进行逐点扫描，一个点一个点扫下去，最终就可以得到一个三维的图像。这是传统的激光雷达。

传统的激光雷达有什么问题呢？传统的激光雷达用的是传统的探测器，比如我们手机、相机用的都是传统的光电探测器。其灵敏度是受限制的，每一个点至少要探测1nW这样的光强，或者说换算成光子，大概10^9个光子，才能够成一个点的信息。一幅图如果一万个像素点，就需要1万乘以10^9这么多光子，才能够得到一个清晰的图像。

传统的激光雷达对于平时的需求可能问题不大，但问题在于，如果目标离我们很远，就会带来很大问题。因为光的漫反射过程离得越远，返回来的光子数就变得越少，跟距离的平方成反比，当目标很远时，你可能只能探测到一两个光子，我们探测到的信号就会出现严重失真。如果用这样的信号，一个个点扫下来，就会得到一个非常、非常失真的图像，整个图像变得模糊，无法分辨。

我们的目标就是怎么样来实现远距离成像，同时即使在雾霾的情况下，也能实现对远距离目标的拍摄。我们想发展的就是单光子相机。一句话来概括，我们能不能用每个像素只探测一个光子来实现清晰的图像拍摄？单光子相机即每个像素只探测一个光子。

光的基本单元就是光量子，或者我们叫它光子、单光子。如果能做到每个像素只探测一个光子，我们在灵敏度上就有了一个巨大的飞跃——10^9到1的巨大飞跃。这样，就给探测距离和灵敏度带来一个新的飞跃，这是我们想做的事情。

单光子相机的两个关键

为了完成这件事情，我们会遇到很多难题，主要的难点是两个。第一，如何去捕获并且探测到一个回来的光子？这就需要我们很好、很高精尖的"单光子探测技术"，或者叫"量子探测技术"。第二，因为回来只有一个光子，这个光子可能来自目标反射回来的光子，当然也有可能来自太阳光的光子，我们如何来区分这些光子？并且每个像素只有一个光子，怎么进行图像重构？这就是我们面临的两个难点，一个是探测问题，一个是重构问题。

探测问题　针对探测问题，我们发展了一个高精尖的单光子相机系统，是我们在2018年搭建的，一开始讲到的那个实验，也是基于这套光学系统。

它有几个特点。一，我们采用的是近红外波段，就是1550纳米，比可见光波段稍微高一点点，是人眼看不到的，所以可以实现人眼安全，并且在大气的传输过程中，它的损耗也是很低的。这是第一点，我们选用的波段不同于普通相机。二，我们的单光子相机系统发展了很高的耦合效率，这样，回来的光子能够很好地收集到系统里，并且我们降低了它的噪音。三，光子收集进来之后，我们要进行探测，这是我们团队发展的基于铟镓砷材料的一个高精度的单光子探测器。最后，我们把系统做得非常集成，并且实现了高精度的扫描。

重构问题　这就需要单光子相机算法。在算法方面，我们在2016年做了一个实验，我们让每个像素点只探测一个光子，看在这种情况下，能不能对图像进行重构。

只采用传统的图像算法，我们得到了一个非常失真的图像，而采用我们的单光子相机算法就会得到一个非常清晰的图像。

单光子相机实验

有了我们的相机，有了我们的算法，就可以去做实验了。我们的实验都在上海做的，我们选了很多不同的目标来验证我们的系统。接下来给大家分享两个例子。

第一个例子是我们做的一个8公里的系统。我们的目标是对8公里外一个人的模型进行识别，看看能不能探测出来。用传统的相机进行拍摄，即使在8公里的尺度，还是有雾霾等各方面的影响，基本上你只能看到楼，但是里面什么样你是看不出来的。用我们的单光子相机拍摄，很清晰地看到，这个人把手举起来了。

我们还做了各种各样的人的姿态的模拟和识别。同样，用传统的相机，基本上人的姿态你是识别不出来的。而用我们的相机，可以很清晰地看到，这是两个手举起来，那是一个手举起来。跟真实的图像对比，很清晰地看到，我们的识别是非常准确的。这是我们在近距离对人体的姿态的识别实验。

第二个例子是我们不久前刚发表的工作，实现了一个远距离的实验：在45公里外，我们对浦东民航大厦进行拍摄。目前因为我们发展的新算法，得到了一个最优的结果，每个像素点只用大概两个光子。

不止我们在做这件事情，很多国内外的研究组都在做，包括麻省理工、斯坦福等等，因为未来对远距离拍摄和低能耗有很多需求，包括我们所说的无人车导航用的激光雷达，都需要用到相关的技术。目前从成像距离、灵敏度两个方面来看，我们已经实现了国际领先。

来源：墨子沙龙公众号

第三章

趋势：
量子科技的未来

量子计算：挑战未来

朱晓波

经典力学

首先我们来回顾一下经典力学的内容。只要有过一定物理基础的人都学过牛顿力学，也就是经典力学。牛顿力学是一项伟大的发现，自那之后人类可以精确地描述我们的世界，物体的运动可以被预测。比如，我们可以通过牛顿力学描述月球围绕地球的运动，以及地球围绕太阳的运动，并预测月食、日食等。我们仅仅通过牛顿力学公式和万有引力公式这样两个简单的公式，就可以把我们日常观测到的世界描述清楚了。所以，20世纪初，人们开始觉得物理学已经趋于完美了，物理学家就要失业了，已经没有更多新的东西需要物理

作者系中国科学技术大学教授。

学家们去探索了。

但在物理学的上空，一直飘着"两朵乌云"，这"两朵乌云"是牛顿力学或者说经典力学解决不了的。后来大家知道，这"两朵乌云"，一朵导致了量子力学的诞生，一朵导致了相对论的诞生。爱因斯坦是天才，他提出了同样天才的相对论，而量子力学更加深奥难懂，它几乎聚集了20世纪所有伟大的物理学家们的智慧。如果你缺乏相关的数学知识与背景，很难依据日常经验真正地理解什么是量子力学。但是如果我们从微观世界的物理现象出发，会发现它并没有那么难。量子力学认为：微观世界是量子化的、不连续的，拥有不可分的最小单元，比如光子。

量子力学

举一个简单的例子。大家都知道，物体是由分子、原子构成的，原子可以分为原子核与核外电子，电子围绕着原子核转动。那么，我们思考一个问题，电子是如何围绕原子核转动的呢？它是像地球绕着太阳那样转吗？答案是否定的，核外电子围绕原子核转动具有分立的固定能级，它只能在某些分立的特定能级上运动，这些都是物理观测的结果。

数学与物理学是相反的，数学更注重逻辑，它通过假定的公理，可以推导出一系列的数学结果。但是物理学不一样，物理学更尊重物理事实，即观测结果。我们不能因为观测结果与理论不符，就否定观测结果。当物理学家们观测到微观世界的原子行为与描述宏观世界的经典力学不符时，物理学家们也非常苦恼。他们不知道要用一个什么样的理论去描述这样一种新的物理现象。实际上，20世纪初量子力学的建立花费了很长的时间，因为微观世界的许多现象与宏观世界很不一样。

经过许多物理学家的共同努力，量子力学体系最终得以建立起来。在量子力学体系里，"轨道"不再是我们平时所理解的轨道，它不像地球围绕太阳公转的轨道那样是连续的。在量子力学体系里，"轨道"是分立的，它们代表不连续的能级。

量子力学理论并不完美漂亮的，但它非常实用。但凡需要描述微观世界粒子，比如原子、分子等的运动，就必须用到量子力学。比如晶体管、激光、高温超导、巨磁阻等等，如果没有量子力学，这些应用领域都不会存在，因为只有利用量子力学才能描述其物理规律。我们把用量子力学来描述、理解我们周边世界并以此发明相关应用的阶段称为"Top-down"。量子力学是对我们现代社会影响深远的一门科学。

随着科学技术的进步，现代科技的发展已经超出人们的想象。现代量子科学技术已经可以实现单量子操作。我们把对单个量子的状态进行人工制备，对多个量子间相互作用进行主动调控称为"Bottom-up"。人工制备与操控单量子，是一个极具挑战的科学前沿课题。在此基础上发展出了几个重要的领域：首先是量子保密通信，量子保密通信通过对单个光子的操控来实现安全通信；第二就是计算能力的飞跃，即我们今天要讲的主要内容——量子计算与量子模拟，其因远超经典计算机的计算能力而受到重视；第三，超越经典极限的精密测量，单光子成像就是其中一种，对于一个像素它只需要一个光子，而传统成像则需要10^9个。

计算机的发展

在过去，计算机并没有现在这么便捷与强大。在计算机诞生早期，为了计算一个数学问题，需要先将编写的程序用纸条打好孔，然后输入计算机，计算机处理好之后再打印出来。无论计算能力，还是操作流程，与现在计算机都不可同日而语。但是后来，随着集成电路的发展，计算机开始加速人类科技的发展。

可是，人类对于计算能力的需求是无止境的。随着计算机技术的发展，我们对计算机计算能力的需求是急剧增加的，甚至需求的上升速度远超过现在计算能力提升的速度。

　　这里涉及一个很重要的问题，就是我们现在的半导体工艺。大家都知道摩尔定律，即集成电路芯片上所集成电路的数目每隔18个月就翻一番，即微处理器的性能每隔18个月提高一倍，而价格却下降一半。但是，随着技术的发展，集成电路的数目已经要接近其量子极限了。

　　另外一个限制计算机性能发展的因素是能耗。现代的计算机，特别是超级计算机，能耗问题是一个非常突出的问题。我们可以堆叠更多的CPU，可以拥有更强大的计算能力，但是能耗太大，仍然是不现实的。

　　基于以上现代计算机发展的限制，人们开始设想有没有新的计算模式，可以替代现在主流的半导体计算机模式。量子计算就是现在看来最有前景的解决方案。

量子计算

　　那么，量子计算到底能够在多大程度上取代经典计算机呢？实际上，这是一个非常前沿的课题。现在的普遍认识是：量子计算机不可能完全取代经典计算机，而只能在某些有特定难度的问题上取代经典计算机。所以我们也不能把量子计算机神话，认为量子计算是未来全部的解决方案。

我们首先通过一个比较通俗的例子来介绍量子计算机的原理，希望大家可以通过这个例子理解量子计算的本质。

量子系统与经典系统有本质区别。在经典计算机中，经典比特（我们通常就简称为比特），就是0和1；但在量子计算中，由于量子系统的特殊性，量子比特不再是一个简单的0和1，它是一个展开的二维空间。1个比特就展开一个二维的空间，如果是2个比特，则展开一个四维的空间，3个比特则是八维的空间。如果有N个比特，展开的空间就是2^N维度。这是一件非常可怕的事情，如果有300个比特的话，展开空间的维数就比宇宙的原子数目还要多了。

具备了这种指数加速能力，那么在某些问题上面，量子计算能力的提升空间将是可怕的。我们画一个简单的图，希望能够给出一个直观的解释。一根线，我们叫作一维，而一个面是二维的，一个立方体是三维的。大家没有办法想象四维是什么样子，但在线性代数中，其实我们很容易就会知道一个高维空间到底是什么。

举一个最简单的例子，如果你是一个二维生物，位于一个立方体上，要从一个点到另一个点，那么你只能沿着一个面走，你必须要绕一圈，没有其他办法。但是如果你是一个三维生物，可以走三维路径的话，就可以走直线过去。这只是一个三维的例子，但实际上量子计算就是利用这样一个原理：把计算的初态放到一个高维空间里，通过一系列运算，计算出最后需要到达的位置，最后再测量这个位置。这就是最基本的量子计算解释。

我们通过这样的方式，实现高速求解。现在用得最多的RSA密码。量子计算应用的边界到底在哪里，需要大家一直不停地探索。

一个物理学家，如果他研究的体系能够构成量子比特，也就是能够构成量子二能级系统，那么他们往往就会宣称他们在做量子计算。能够构成量子比特的系统有很多种，比如光子、超导、半导体、离子阱，等等。现在最受追捧的就是超导量子计算，比如Google、IBM、腾讯、阿里等公司都在进行这方面的研究。

量子计算到底有多难？

要实现量子计算，我们一方面希望操作一个单量子，即一个量子二能级系统，另一方面，量子计算的计算能力取决于量子比特数，我们需要把N个量子比特耦合起来，来构成一个复杂的量子计算系统。所以，我们一方面希望它是一个纯净的单量子系统，另一方面又希望多个量子结合在一起，可以相互耦合起来。这本身就是矛盾的。

我们用光子举例，每个光子都具有非常好的量子性能，但是如果你想做量子计算，就要把很多光子结合起来，对光子体系来说，就非常困难。而超导系统有很好的可扩展性，但是要把每一个量子都做得很好却非常难。所以在这种内在矛盾的环境里，一定要发展一个系统，首先它有很好的量子特性，其次你又能把它扩展开来。这个才是走向量子计算的正确方向，唯有如此，我们才能真正把量子计算做成功。

超导量子计算

超导量子计算是现在最受追捧的方向之一。超导是半导体、绝缘体、金属之外最重要的一个物态，其最主要的一个特点就是原则上没有能量损失。

那么通过超导，如何来实现量子计算呢？首先，提出问题，通常我们所说的量子系统都是微观系统，那么对于一个宏观系统，如果我们可以将它的噪声或者外部扰动降低到能与一个单原子或者单分子的微观系统的扰动相当的时候，这个系统会不会服从量子力学规律呢？答案是肯定的，如果我们能够构造这么一个宏观系统，它就可以拥有量子特性。

在20世纪八九十年代，物理学家们做了一个实验，他们将一个比单原子大一万倍的超导电路的噪声降低到极低的水平，然后去测量其物理特性。实验结果表明，这个极低噪声系统的确具有量子特性。这个实验告诉我们，量子力学是普适的，不管对于宏观系统，还是微观系统，只是对于宏观系统，量子效应往往被噪声淹没。

宏观量子效应具有显著的优点，就是其可扩展性非常好，与半导体中的PN结相似，在超导体中，有一个约瑟夫森结，通过约瑟夫森结组成与半导体电路相似的电子电路，并把外部环境的噪声降低到低于单量子扰动，我们就可以得到一个一个的量子比特。当然，这是一个非常有挑战性的工作。

可见，超导量子处理器工艺与半导体芯片工艺非常相似，就是平面印刷工艺——通过印刷电感、电容和约瑟夫森结来构造量子比特。那么这项技术的难点在哪里呢？就在于怎么控制每一个量子比特不受到扰动。

我们平时看到的许多宣传，比如IBM宣称研制出50量子比特的原型机，DWave宣称他们已经做出了几千量子比特的量子计算机，这些宣传中他们只告诉了你故事的一个方面，就是比特数，而比特数恰恰才是超导量子计算领域最容易实现的目标。因为其本质还是半导体工艺，通过半导体印刷晶体管，可以轻松实现几百、几千的比特数，如果你想，更多的比特数也没有问题。但这是无用的，如果没有对每个量子比特的精确操控，比特数再多也是徒劳。目前阶段，我们认为，量子计算机一个坚实的进步是2019年Google公司的量子优越性展示，他们大概做到了 50 个量子比特，每个量子比特的操控精度达到 99.5%。这是量子计算目前的前沿水平。

量子计算处理器是一个对单量子态进行超高精度模拟的处理器，它要求的控制精度必须达到百分之九十九点几。所以量子计算处理器几乎把我们用到的各种技术都推到了一个极致。

量子计算的核心就是量子处理器，为了实现对其高精度控制，需要把它放置在一个极低温环境中，这是因为在量子领域，温度也是噪声的一种，只有将环境温度降低到绝对零度附近，才可以降低温度所导致的系统扰动。去除干扰后，对处理器发送脉冲，就可以实现对量子比特的精确操控。这就是现代超导量子计算体系的工作机理。所以，从这个角度看，量子计算机要取代经典计算机还有很长的路要走，因为人们不可能每天扛着一个制冷机到处跑。我们预测，将来的量子计算系统会以服务器的模式出现在大家面前。

那么量子计算机究竟可以做什么呢？我们前面提到，2019 年谷歌公司已经实现对 53 个量子比特的 99.4% 保真度的操控，这样的一个量子计算机可以做什么呢？目前，科学家们让它应用在了"量子随机线路采样"这个问题上，并且证实它的求解速度远远超过经典计算机。但是遗憾的是，这个问题没有任何实际应用，它只是用来演示量子计算机的计算性能。下一步，科学家们希望可以找到一些实际应用问题，实现量子计算机在该问题上超过经典计算机的性能。

我们最终希望可以通过"通用容错量子计算"来实现比如解密算法等的实际应用。通用容错量子计算的核心为量子纠错，即要把错误纠正，让所有的量子比特都能正确运作起来。这是一项宏伟的计划，也是一个极具挑战性的目标。

来源：墨子沙龙公众号

未来畅想：
如何实现 100 万个量子比特的纠缠和量子计算

陆朝阳　陈明城　丁　星　顾雪梅　吴玉林

　　人们往往会高估未来一年内能完成的目标，而又往往会低估未来十年能做到的事情。

　　如何实现一百万个量子比特的纠缠和量子计算？对于这个脑洞大开的问题，陆朝阳教授邀请了正在三个不同物理体系（光子、超冷原子、超导线路）从事研究的几位青年研究人员一起讨论和回答。

　　目前，科学家们基于各种不同的物理体系和不同的途径开展了量子计算的研究。在进入正题之前，先分享英国帝国理工学院 Terry Rudolph 教授对此的一段叙述［翻译自 APL Photonics 2，030901（2017）］：

　　量子计算技术具有难以想象的巨大潜力，并且在通信、高精度

　　陆朝阳，中国科学技术大学教授。陈明城、丁星、顾雪梅、吴玉林，中国科学技术大学博士后。

测量以及其他还不可预见的领域中具有可以期待的相关衍生应用。目前，其大规模物理实现瓶颈的关键还在于研究者的创新能力和实验技术，而不是研究经费和资源的多少。正被严肃研究的每一种量子计算实现路线（基于不同的物理体系和途径）都有助于我们更深入理解所涉及系统的物理规律，同时也将工程的极限不断向前推进。作为一个科学共同体，我们现在拥有各种类型迥异的物理系统，在这些系统中，我们正努力实现对每个单独的基本组成单元的精微操控。不管采取哪种方案，我们都希望在不久的将来实现大规模量子纠缠，而纠缠正是所有量子奇异现象的精要所在。

人类已经历经了"第一次量子革命"，在这里，相比量子纠缠来说不那么奇异的量子现象（例如，离散能量、隧穿效应、叠加效应和玻色凝聚等）为人类催生了一系列新技术（例如，晶体管、电子显微镜和激光器等），这些技术作为主要推动力又继而推动了计算机、GPS和互联网等的发展，所有的政治家今天也可以看到它们每一项的价值是至少数十万亿美元级别的。正如第一代的各种量子技术需要在不同系统上实现一样，第二代量子技术也可能会走类似的路线。如果对于所有的第二代量子技术，仅仅一种物理系统就能实现所有功能，那将是非常令人惊奇的。历史已经证明，几乎所有偶然的科学发现都是在我们突破物理极限（如使材料比以往更低温、更纯净、更小等）的过程中涌现的。而这正是目前实验量子信息科学正在做的事情。

因此，对于大部分想有所作为的研究生来说，无论是从事量子通信、量子精密测量、还是量子模拟和计算，一定不要盲目追求时髦、轻信新闻媒体的宣传，重要的是把特定的物理体系的潜力发挥到极致。

量子计算原型机"九章"问世

北京时间 2020 年 12 月 4 日凌晨 3 点，一篇重要文章以 First Release 形式在线发表在《科学》（Science）杂志，宣布了中国的研究团队在光量子计算方面实现了量子计算优越性。这一 76 光子的量子计算原型机被命名为"九章"。之所以将这台新量子计算原型机命名为"九章"，是为了纪念中国古代最早的数学专著《九章算术》。《九章算术》是中国古代张苍、耿寿昌所撰写的一部数学专著，它的出现标志中国古代数学形成了完整的体系，是一部具有里程碑意义的历史著作。而这台叫做"九章"的玻色采样新机器，同样具有重要的里程碑意义。

根据现有理论，"九章"量子计算系统处理高斯玻色取样的速度比目前最快的超级计算机快一百万亿倍。"九章"一分钟完成的任务，超级计算机需要一亿年。等效地，其速度比去年谷歌发布的 53 个超导比特量子计算原型机"悬铃木"快一百亿倍。

量子计算最近几年频繁出现于各种科技新闻报道。量子计算机凭借其强大的计算能力，将会给人类信息处理的方式带来颠覆性的改变。当然，美好的东西往往不是那么容易实现。事实上，量子计算的理论早在20世纪80年代就有了，过去几十年里，大量的科学家一直致力于实现量子计算机，但直到今天我们还没有真正可用的量子计算。可见实现量子计算机是非常困难的。

作为一个超导量子计算研究的从业者，在这里简单回答一下制备一台超导量子计算机主要有哪些挑战。

2019年，谷歌利用超导量子计算机首次在实验上证实了量子计算机具有远远超过超级经典计算机的计算能力，展示了"量子优越性"。这是一个划时代的实验，要知道，以前量子计算机的超强计算能力仅仅是理论上的估计，从未被实验证实过，在实际中是否真正可行是一直存在质疑的。此后，量子计算机具备超强计算能力成为确切无疑的事实。

然而，我们离制造出一台有实用价值的量子计算机还非常遥远。量子称霸实验仅仅是通过一个特殊设计的算法，证实了量子计算机具备超强计算能力，但这个算法是没有任何实用价值的。按照现在的估计，一台能求解有实用价值问题的超导量子计算机，需要有上百万个量子比特，而现在规模最大的超导量子计算机仅仅包含53个量子比特。可见我们离实用量子计算机还有多遥远。

为什么需要上百万个比特呢？那是因为量子计算理论上所说的

比特，是指完美的、不会发生任何错误的比特，专业上叫作"逻辑比特"。然而现实中的东西总是不完美的，超导量子计算机中的量子比特也是这样。我们把实际量子计算机中的量子比特叫作"物理比特"。对一个物理比特进行操作，结果会有一定概率出错。会出错倒也没什么，现实中大部分事情都这样，只要出错率低于能够容忍的阀值就可以了。

对量子计算机，麻烦在于，要想求解有实用价值的问题，这个能容忍的阀值实在太低，大概在百万分之一。这个阀值低到有多恐怖呢，拿超导量子比特来说，对它的操控是通过10纳秒级微波脉冲实现的，这意味着要在一亿分之一秒的时间内，实现百万分之一精度的控制！大家知道，快的东西一般不准，准的东西很难快，而直接实现理想量子比特却要求同时做到极致快和极致准，这远远超出了人类科技所能达到的高度。量子计算机只能另寻解决方案：量子纠错。这就是我们为什么需要上百万个物理比特的原因。

做到一百万个量子比特有多难？我们可以看看超导量子计算的发展史：2000年前后，第一个超导量子比特研制成功；然后经过15年左右的发展，2014年前后，超导量子计算处理器做到了10比特水平；又经过近5年的发展，到2019年，超导量子计算处理器做到了50比特水平。从这可以看出，要做到一百万个比特是极具挑战的事情，超导量子计算的发展还在很初步的阶段，还有很长的路要走。

　　面临的挑战首先是量子比特的实现本身就是非常具有挑战性的技术。要实现量子计算，重要的不仅仅是比特的数量，比特的质量更关键。而前面说到的量子纠错是质量不够，数量来凑。这个说法其实并不准确，严格来说，要实现量子纠错，物理比特的错误率必须低于某个阀值。

　　量子比特能达到的操控精度由比特本身的性能、测量系统的水平、量子调控的水平三方面共同决定。这三方面每一项的提升都是一个系统工程。超导量子计算发展到今天，依赖的技术大多是现有的成熟技术。这主要是因为超导量子处理器的规模还不是很大，从设计、制备、测试到操控，都可以直接用商用的仪器设备或经过简单的改造来实现，和常规的科学研究课题没本质区别，可以完全按照基础科研的模式开展研究。

　　当超导量子处理器规模达到几十个比特甚至更大以后，大部分商用仪器已经无法满足需求，甚至现有技术都无法满足需求，需要系统性地从头开发整套的仪器设备和技术，这包括：

　　一、超导量子芯片设计、仿真软件，类似于半导体芯片领域的EDA软件。超导量子计算机的核心部件是超导量子处理器芯片，和半导体集成电路芯片一样，规模大了以后纯靠人手工无法完成设计、仿真，需要EDA软件辅助设计和仿真。超导量子处理器芯片基于独特的超导约瑟夫森结这种非线性器件，基本组成单元是量子器件而不是传统电子学元件。和半导体芯片电路特性完全不同，其电路原理和结构设计遵循完全不同的逻辑，不可能直接使用现有的半导体芯片设计 EDA 软件，需要重新开发；

二、大规模超导量子芯片制备产线，类似于半导体芯片制备产线。超导量子处理器芯片基于超导材料，对制备和工艺有特殊要求，这意味着芯片制备需要专门的工艺和设备产线；

三、超导电子学技术和低温电子学技术。当芯片集成比特数达到数千个以后，按照现有的模式，用室温电子学控制设备控制每一个比特几乎不可能实现，需要将比特的控制部分和量子芯片集成，能够达到这个目标的唯一技术是超导电子学。目前超导电子学技术还处在非常基础的阶段，实际应用非常少，如何与量子芯片集成更是有待研究的全新课题；

四、大功率极低温制冷机。超导量子处理器只能在 10mK 左右的极低温（约零下 273.14 度）下才能工作，而且还要求提供足够的制冷功率，目前能做到的只有稀释制冷机。当前的稀释制冷机技术仅能做到满足数百个比特的需求，支持更大规模的量子芯片的技术仍是一个待研究的课题。

当然，如果一百万个量子比特最终被证实在实际中是很难实现的，实用量子计算也不是完全没有希望。我们通常所说的实用量子计算需要百万级别的量子比特，是基于已知的量子算法和现有的比特操控错误率，但不管是量子算法还是比特操控错误率，将来都有可能出现新的突破。一方面，制备工艺、量子调控技术的提升会让物理比特的出错率降低，大大降低实际需要的物理比特数，另一方面将来有可能提出全新的实用量子算法，对量子比特出错阈值有更低的要求，也会大大降低实际需要的物理比特数量。这两方的突破很有可能在不久的将来，在人类实现通用量子计算这个遥远目标前，为量子计算带来一些近期的有价值应用，量子人工智能就是其中的一种可能。

光子可以较容易地展示出量子态的叠加性，具有简单的单量子比特操控方法。通常一个可见光区域的光子能量是几百 THz，是其他类型量子比特的百万倍以上，远远大于各种热噪声，因此避免了使用昂贵的稀释制冷机。

光子清高孤傲，特立独行，母胎单身一万年，从不和其他光子搭讪，能够在较长时间内携带并保持量子信息。其中一个很好的例子就是 Lyman-alpha blob 1（简称 LAB-1）发出的光在旅行了 115 亿年后到达地球时仍保持原始的极化状态（母胎单身）。此外，最显然的，要说谁跑得快（对应信息传输和处理速度），恐怕目前没谁敢和光比。

光一直站在人类解释大自然奥妙的前沿。量子信息领域也不例外，量子信息实验领域第一个真正的突破——1997 年的第一个量子隐形传态实验，就是通过操纵多光子来实现的。到去年，实验室里面实现了 20 个单光子、数百个分束器的玻色取样，输出态空间维数达到了 370 万亿。在产业界，总投资数亿美元、位于硅谷的初创公司

PsiQuantum和位于加拿大的Xanadu，都号称在致力于建造一台商用的光量子计算机。PsiQuantum声称，5至10年内他们的设备将包含100万量子比特。

积跬步，以致千里：要盖一栋由一百万个光量子比特组成的高楼大厦，首先要把每一个砖头——理想的量子光源——造好。单光子源，顾名思义是每次只发出一个光子的光源，但要想单光子源可以应用于量子计算，还需要同时满足确定性偏振、高纯度、高全同性和高效率这四个几乎相互矛盾的严苛条件。2000年，美国加州大学研究组在量子点体系观测到单光子反聚束。2002年，斯坦福大学研究组观测到双光子干涉。2013年，中国科大研究组在国际上首创量子点脉冲共振激发技术，只需要纳瓦的激发功率即可确定地产生99.5%品质的单光子；2016年，研究组研制了微腔精确耦合的单量子点器件，产生了当时国际最高效率的全同单光子源；2019年，研究组提出椭圆微腔耦合理论方案，在实验上同时解决了单光子源所存在的混合偏振和激光背景散射这两个最后的难题，成功研制出了确定性偏振、高纯度、高全同性和高效率的单光子源。

目前单光子的单偏振提取效率还只有~60%，因此需要进一步设计更好、更鲁棒性的微腔结构（正在进行），将单偏振提取效率不断提升到接近100%。假设有一天我们有了每个指标都超过99%的单光子源，那又该如何进行线性光学量子计算呢？

这里将量子计算简单分类为非通用量子计算和通用量子计算。对于非通用量子计算，不需要纠错，只完成特定的量子计算任务，可以用于演示"量子优越性"（低调）或"量子称霸"（高调）。在线性光学体系中最有希望实现量子优越性的模型之一是玻色采样。这个模型只需要几十个全同的单光子输入到一个高维线性光学网络，并在出口获得可能的多光子符合事例即可。

对于通用量子计算，还需要在独立单光子之间实现控制逻辑操作。然而，光子之间的相互作用非常弱，这一光子在量子通信中的优点在量子计算中成为一个弱点。可是，这并难不倒聪明绝顶的物理学家们，他们先后提出了KLM方案、腔电动力学CNOT方案，以及基于簇态的单向量子计算方案。后者是目前PsiQuantum公司正在推的，把CNOT的难点转移到了制备足够大尺度的纠缠态上，在此基础上，就只需要测量了。

那怎么从单光子或者纠缠光子对制备一百万光子的纠缠态呢？这个问题问得好！鲁迅先生曾经（然而并没有）说过：太极生两仪，两仪生四象，四象生八卦……在这一指导思想下，在多光子纠缠方面，中国科大研究组在过去几年从4光子纠缠实现了12光子的纠缠，并演示了20光子的玻色取样。此外，量子点也可以直接产生两光子纠缠以及多光子簇态纠缠。随着光子系统效率和全同性的进一步提升，以及近期高斯玻色取样新方案的出现，有望解决效率的扩展问题，爬升速度有望大大加快，说不定2020年年底就做到了接近100个光子呢？

由于量子系统不可避免的退相干效应，量子态和环境的耦合会受到各种噪声的影响，因此导致计算过程中产生错误。如果不纠正这些错误，那么经过一系列计算后，量子计算机将输出被随机噪声破坏的数据。为了保证大规模量子计算后只存在较低的错误率，普适的容错量子计算要求一个包含有很多量子比特的三维簇态，其中两维被映射到空间上，另一个维度被映射到时间上。这种特殊的三维结构，不需要所有的光子都同时处于相互作用状态，而只需要对邻近的纠缠态之间进行作用，从而允许构建稳定的子簇态。为了获得更多量子比特的簇态，我们只需要按照标准簇态的计算方法遍历编码单个量子比特的路径，分布式拼接已有的纠缠态，最终实现大尺寸的簇态。我们也可以将其理解为随时间演化的表面编码，每一层的局域操作将编码的结果传输到下一层的编码面上。这些编码的边界支持多个编码的量子比特，因而编码的量子门随着时间演化的边界条件得以实现，并且噪声的影响可以通过系统编码的拓扑性质来降低。

其实，说一千道一万，对物理学家来说，量子计算研究的终极灵魂拷问是：

"When will quantum computers do science, rather than be science? "

不管名字叫作量子计算机还是量子模拟机，我们的目标就是造出一个利用量子力学原理运行的新机器，它能成为物理学家、化学家和工程师在材料应用和药物设计方面的重要工具，应用于模拟复杂物理系统，量子化学，指导新材料设计，解决高温超导等物理问题，在特定模拟问题的求解能力上全面碾压经典的超级计算机。针对这一目标，包括诺贝尔物理学奖获得者杨振宁、Anthony Leggett在内的众多重要量子物理学家都认为，超冷原子由于其纯净的环境、各种丰富的相互作用、几十年来积累的各种精致的控制手段，有望在不久的将来在非平庸的量子模拟方面取得重大突破。

如何实现一百万个量子比特的纠缠是一个有趣的问题！物理学家最善于把复杂的问题简单化，像那个"如何把一只大象放进冰箱"的经典问题，让我们分三步考虑：（1）放一个量子比特；（2）放100万个量子比特；（3）添加上量子纠缠。

一、100万个量子比特：单原子阵列

我们预计最简单最自然的量子比特是一个单原子，搞定第一步。100万个量子比特，刚好是100*100*100的3维阵列。假设临近原子之间的距离是10微米，100万个量子比特正好是边长1毫米的立方体，搞定第二步。

我们具体看下怎么做出这样的原子立方呢？我们可以利用超冷原子光晶格产生的激光驻波，一个一个地囚禁单原子，一个萝卜一

个坑规规矩矩地做成固定间隔的立方体形状。或者，以光镊作为定位工具，任性地把原子一个一个地排列成我们任意想要的间距和形状，比如三维的埃菲尔铁塔、莫比乌斯环、碳60，而且还可以实时动态变化（像南归的大雁那样，一会儿排成N形，一会儿排成B形），排出立方体更不在话下。

二、让100万个量子比特纠缠：激光操控原子

前面两步我们有了100万个量子比特来存储量子态，接下来就是第三步，通过原子相互作用产生量子纠缠。

用激光脉冲来控制原子是最方便的。相比于超导量子电路或者半导体量子点等固态系统中，100万个量子比特需要放置几百万根控制线【超导量子计算男神John Martinis曾经介（tu）绍（cao）他的大部分工作就是在解决如何布线这样的烦琐技术问题】，单束激光可以通过动态编程，定向和聚焦于任意一个或一批原子上，对任意原子进行可控的量子操纵。例如，通过激光激发原子到里德堡态，可以把单原子间的相互作用打开，达到超过10个数量级的开关比。原则上，第三步产生纠缠可以很简单：一个基本的事实是，一个随机的量子态是最大纠缠态，因此只需要让原子进行充分的随机相互作用就行。

让我们增大一点难度，来产生簇态纠缠，这种纠缠结构可以用来实现通用的量子计算。近期，中国科大科研人员在光晶格中取得重要进展，研究人员通过确定性制备超冷原子阵列和高精度量子门实现了1250对原子纠缠，是通往制备簇态纠缠的重要一步。

三、可扩展的量子纠缠：量子纠错

假设一个量子操纵的可靠度是99.99%，那100万个量子比特都各操纵一下，整体的可靠性就是$0.9999^{1000000} \approx 10^{(-44)}$，操纵就失败了。这是大规模量子纠缠和量子计算面临的最大挑战。解决这个问题的方法是对量子操纵进行纠错，让大规模量子操纵的错误不要持续累积。

不过量子纠错很消耗资源，比如用100亿个高品质的物理量子比特来实现可容错的100万个逻辑量子比特。按照我们前面的排法，100亿个单原子量子比特阵列差不多是边长2.2厘米的立方体阵列，大小还是很迷你的。

容错量子计算有个基本的门槛，量子操纵的可靠性需要大于某个阈值。目前，利用光镊控制的单原子量子比特可以实现大于99.7%保真度的初始化，大于99.6%保真度的单比特操纵，大于99.9%保真度的非破坏读取，通过里德堡态相互作用可以实现大于99.5%保真度的双比特纠缠门，这些基础指标都达到了二维表面码容错量子计算的阈值的基本要求。

二维表面码容错量子计算是目前最吸引人的可扩展量子计算设计。它只需要在平面上排布局域相互作用的量子比特，因此非常适合比如超导量子比特等固态芯片体系。不过这个设计有个大缺点，它需要辅助超大规模的量子态蒸馏才能实现通用的容错量子门，因此非常消耗资源。三维的原子量子比特阵列提供了新的机会：比如三维拓扑码可以直接实现通用的容错量子门，极大地节约了可扩展量子计算的资源开销。

目前我们还很难预测未来哪个物理体系会率先实现100万个量子比特的高保真度纠缠。其中单原子阵列展示了潜在的竞争力：在高分辨显微镜头下，动态光镊排布三维原子构型，激光独立寻址和操控任意原子及其相互作用，三维容错编码机制高效地纠正量子错误，最终实现大规模量子计算。

来源：墨子沙龙公众号

量子技术对金融的挑战

杨　东

一、问题的提出

2020年10月16日，习近平总书记就量子科技研究和应用前景举行了第二十四次集体学习。总书记指出，量子科技发展具有重大科学意义和战略价值，是一项对传统技术体系产生冲击、进行重构的重大颠覆性技术创新，将引领新一轮科技革命和产业变革方向。世界正面临百年未有之大变局，应当充分认识推动量子科技发展的重要性和紧迫性，加强量子科技发展战略谋划和系统布局。

作为新一轮科技革命和产业变革的前沿领域的突出代表，量子科技近年来一直备受各国重视。早在2018年5月，习近平总书记就在两院院士大会上指出"以人工智能、量子信息、移动通信、物联

作者系教育部长江学者特聘教授，中国人民大学区块链研究院执行院长、未来法治研究院研究员。

网、区块链为代表的新一代信息技术加速突破应用",确定了量子技术的科技价值和战略地位。同年12月,美国也正式发布了《国家量子倡议法》,明确了量子技术作为未来国家战略的重要地位,并在以国家层面进一步支持量子信息技术的研发基础上,将维持量子技术的研发领跑地位视为未来维持美国国际竞争领先地位的重要举措。

当前,量子技术早已不是囿于实验室中的科研胚芽,其已然走出实验室而步入实践,促使着自身的最新理论研究成果向实用化、工程化转化,这也是产学研协同创新的必由之路。

2020年5月26日,潘建伟院士所带领的科研团队在国际物理学界最权威的综述性期刊《现代物理评论》上发表了一篇题为"基于现实器件的安全量子密钥分发"的论文,系统阐述了量子密码的理论框架和实践技术,并认为量子密码技术历经多年发展,在现实条件下其安全性已有保障。这一长达60页的综述性论文发表进一步彰显着我国在量子通信方面所保持的国际领先地位,量子通信的现实安全性得到了切实的验证,量子密钥分发研究已然走向实用化。

与此同时,量子霸权(quantum supremacy)也成为热点,在算力上量子计算机远超经典计算机实现质的飞跃,传统计算机的地位将被颠覆,量子霸权可能形成。2019年,谷歌在《自然》杂志上发表论文,宣称其Sycamore处理器在200秒内能够运行需要全球顶级超级计算机耗时10000年才能完成的测试计算。

量子通信与量子计算是量子技术的两个代表,随着这一技术的迅猛发展，正逐步走向社会场景和应用中，毫无疑问金融业是量子技术得以先期应用的重要场景。人类历史的发展表明，金融发展史其实也是技术进步史，金融发展的本质是技术发展，金融业的动态性与创新性，人类社会的每一次划时代变革基本上都会肇始自金融领域，量子技术也不例外。自信息革命特别是数字革命以来，金融逐步被重塑，科技逐步改变了传统金融的各个领域，带来了新的业务手段和监管模式。诸如区块链、大数据、智能投顾等新兴技术被金融业广泛采纳，科技驱动下的金融创新催生出了本质上异于传统金融的新型金融模式，这也正是熊彼得所论及的"破坏式创新"。近年来，中国的金融科技蓬勃发展，重塑再造了以金融消费者为核心的竞争型金融市场。科技发展促进了金融服务的精细化与个体化，让金融消费者得以通过多种方式直接进入金融市场，但也直面金融风险。金融的发展就是金融市场与新兴技术不断交织、相互促进的过程，而量子技术作为未来可期的前沿技术，其对金融业的影响前瞻已然受到世界范围内监管部门和相关领域研究学者的重视。我国金融业的有识之士也开始注意到了量子技术对金融业界可能产生的影响，并通过一系列实验尝试探索其应用领域。目前，对于量子技术这一未来金融科技，对金融、货币和监管的前期冲击和后期变革等整体影响问题缺乏研究，需要从宏观角度多维度地探讨量子技术对金融可能产生的影响与挑战，以及如何应对潜在的冲击与变革。

二、智能金融：量子技术升级再造金融信息体系

　　金融科技（Fintech）的迅猛发展，正全方位地影响和改变着社会经济与金融业态及其组织结构。20世纪80年代以来特别是新时代以来，信息技术、数字技术开始渗透到人类金融经济生活的各个方面，改变了人们储蓄、理财、投资、金融消费的方式，全面推动全球金融科技创新的发展。以金融功能及其本质考察，金融行业实质上就是信息产业，通过生产、汇集、处理数据和信息构建金融信息体系，维持金融风险可控，保障金融市场的正常运转。而运用各类信息科技对金融业务进行信息化改造，不仅可以极大提高运行效率，也对金融整体业的经济效益和社会效益有巨大贡献。随着现代信息技术在我国金融领域的普及，信息化已成为支撑和促进金融业稳定快速发展的重要基础，而信息化水平亦成为评估金融业竞争力的关键因素。数字经济时代，金融信息呈现指数级增长的业态呼应着金融数字化的时代需求。金融模式的高速衍变促进了金融市场的活跃与开放，但同时产生各类亟待管控的金融风险。随着金融信息化、数字化进程的不断推进，利用互联网等优势技术促使各类金融交易脱媒的金融科技体系逐步完善，互联网下金融信用交易的风险问题更突出表现为金融信息不对称，这也体现出数字经济背景下金融信息的重要性。

　　近年来，随着对金融科技领域的大规模投入，我国互联网金融

业迅速崛起。但随之应运而生的一些商业模式和金融模式，诸如第三方支付、网络互助、P2P、民间数字货币、网络融资信贷、原油宝等产品，利用其信息优势，游离于传统金融监管体制之外，存在巨大的监管套利空间。同时，针对金融科技企业的周期性监管模式，存在一定的滞后性。因此，对于这些无法实现及时监管的金融产品，容易出现两个极端，要么像第三方支付、网络互助、校园贷等产业一样迅速"野蛮生长"，要么像现金贷、P2P一样引发金融风险后被"一刀切"。简言之，传统金融监管体系无法适应科技与金融的交融发展趋势，金融科技领域乱象丛生，亟待以新兴科技驱动监管革新，使金融创新在可控监管中良性发展。

金融行业的跃进式发展有赖技术突破，科技是推动金融制度蓬勃发展的不懈驱动力。金融活动是实现市场与资本高效配置的过程，其核心环节在于对庞杂的市场信息进行收集、归类、筛选、分析、整理，涉及大量复杂的数据分析和运算工作。20世纪70年代后，计算机网络和数据处理技术的发展和广泛运用，使得传统金融业迎来了第一次跃进式发展，股票、证券等金融市场的交易规模和交易额成倍增长，也促使了网上银行等新型金融机制的诞生。科技与金融以耦合形态相互促进、良性循环。近年来，数字经济的发展开始遭遇算力、数据处理、信息安全等多方面的瓶颈，给全方位、多维度的金融创新发展趋势带来了技术革新的客观需求。

量子技术的发展将为金融信息体系、数字金融体系的进一步完善提供有力技术支撑。信息金融的便捷性、准确性、多功能性和高效率在对金融业产生革命性影响的同时，也对金融信息化、金融信息体系提出了更高的要求。一方面，大数据、云计算、人工智能、区块链等新兴科技拓宽了传统的金融信息体系，而新体系构建导致新的金融信息安全风险出现，包括各类金融信息系统、数据库的安全性问题；另一方面，随着金融业务的电商化、平台化，金融信息数据体量更加庞大、复杂，在摩尔定律可能趋于失效的背景下，经典计算的能力在未来将达到一定瓶颈。换言之，经典计算机算力能否始终满足金融市场的客观需求，或是未知之数。在此背景下，量子技术凭借其安全性、高效率、抗干扰能力等特征而备受瞩目，成为升级再造金融信息体系的最佳技术选择之一。

1. 量子加密通信增进金融业信息传输安全

金融业信息体系架构的核心环节始终是信息传输。随着信息化、智能化、数字化金融创新的快速发展，金融信息传输的客观需求急剧上升。在数字经济时代下，金融业各机构必须处理纷繁复杂而多元的金融信息传输的安全、稳定、保密等问题。同时，金融数据作为金融犯罪的惯常目标，而一旦金融数据遭到泄露或破坏，甚至难以保障金融信息传输的安全性，那么整个金融体系将发生系统性风险。习近平总书记曾强调过："网络安全和信息化是相辅相成的，安全是发展的前提，发展是安全的保障，安全和发展要同步推进"。金融业信息传输会随着时代的发展而越发严格，这在客观上要求能够保障金融信息安全可靠传输的新型技术手段出现。

随着各类新兴技术的不断发展，网络信息攻击手段呈现出广泛化、多样化和隐蔽化的趋势，当前的金融信息传输手段面临愈加严峻的风险。金融数据传输的攻击与防范问题是永恒的命题，只要数据通过网络传输，这一问题就不可回避。而由于部分攻击方式仅窃取金融信息而并不破坏信息，其隐蔽性导致很难采取事中的防范举措，而在损害结果暴露后方能进行事后救济。技术手段的优化升级增加了犯罪的隐秘性，依托技术而对传输信息进行截取、窃听、流量分析、加密数据破解等方式的被动攻击手段更加难以受相关监管部门的监察。这也说明了在攻击发生前建立金融信息传输安全维护体制的重要性。在此背景下，量子通信的"绝对安全属性"使其备受瞩目，量子通信在整个金融业的应用前景亦被看好。

量子通信，是指以光子、原子等微观粒子的量子态为信息编码载体，并依据量子纠缠效应实现信息传输的一种新型通信方式。量子通信技术可分量子隐形传态（Quantum Teleportation）和量子密钥分发（Quantum Key Distribution）。量子密钥分发侧重于利用量子状态在建立通信双方之间构建经典信道的关联，即通过量子分发密钥进而建立经典信道关联，最终实现经典意义上的密码通信；量子隐形传态是指完全利用量子信道来传送和处理量子信息的一项技术手段，也被称为量子安全直接通信。以量子密钥分发为基础的量子密码技术已成为量子通信实践中的主流做法。量子通信在信息传输方式上援用传统模式，通过密钥将信息加密后传输给接收方，以量子所具有的不确定性、不可克隆等特征保障信息安全传递；当有窃听者对信道中传输的光子进行窃听时，会被合法的收发双方通过一定的校验步骤发现。近年来，基于量子密钥分发实现加密通信的量子密码技术发展迅速，已经开始初步探索金融关键数据的加密传输方案。基于量子密钥分发技术，一次一密的实时动态密钥得以形成，而这一加密模式的安全性已经获得数学上的严格证明，攻击者所使用的攻击手段会破坏量子态，引起量子态坍塌，在接受密文时就可察觉到攻击行为，从而尽早观测到数据暴露的可能性，以便于及时提供救济。相比于传统密码学，量子加密通信所采取的一次一密的信道加密举措极大程度地提高了金融信息传输的安全性。

针对量子通信未来变革的可能性，我国金融行业已开始了相关探索。目前我国量子加密通信领域在试点应用数量和网络建设规模方面领先全球，银行业针对用户金融信息的量子加密传输已完成一定规模试点。在中科院和银保监会的协作下全长2000余公里的量子保密通信骨干线路"京沪干线"，作为世界首条量子保密通信干线正式开通，其功能包括京沪两地间网银用户的量子保密通信实时交易、异地数据的量子加密传输，以及阿里征信数据的异地加密传输等。同时，发改委也在牵头组织国家量子保密通信骨干网络建设一期试点工程等国家层面的新型网络建设。

从国际视角上看，随着智慧金融业务和跨境金融活动逐年爆炸式的增长，促进量子通信技术与金融的应用融合是保证国民经济稳定发展的必由之路。而在金融领域构建一个国际领先的量子加密通信网络，对提升我国金融行业数据安全保护水平、促进我国企业在国际金融活动中数据传输安全合规具有重要意义。

2. 量子计算保障智能金融发展

"智能金融"这一概念在国务院2017年发布的《新一代人工智能发展规划》中明确提出。其主要体现为金融领域与人工智能的结合，即通过引入人工智能对金融相关产业进行产业智能化升级。其范围涵盖银行业、证券业、保险业等多个领域，实质为通过引入人工智能等新兴技术进行产业升级。常见的智能金融包括智能投顾、智能定价、智能风控、智能客服等多个方面。

金融行业的关键数据分析需求和分析精准度需求远高于其他行业。智能金融依靠人工智能得出结论，而人工智能的优劣与否主要取决于数据、算法、硬件算力这三个维度，在数据被越发重视的当下，若硬件算力无法满足分析海量数据的需求，便会制约智能金融的深度发展。金融业最具信息密集型特征汇集海量最有价值的数据，除了用户消费者的核心隐私数据还通过各个维度的数据挖掘价值，包括丰富个人画像等各类信息。金融科技的全面深度发展必然要求分析个人所需的数据量越来越大，从而使得人工智能模型算法更加复杂，数据训练的工作量也越来越大。但是如果硬件算力不能得到根本性突破，智能金融的发展无疑面临算力这一最大瓶颈。

量子计算的算力远超现有的超级计算机，其应用一方面能够根本提升金融服务的智能化水平和响应速度；另一方面也能根本提升金融服务的精密度与准确度，从而根本改造基于工业经济的金融模式、金融机制和金融业态，实现金融业的彻底转型和升级，这可能是金融科技的未来。当前，在反欺诈、支付清算等领域，金融企业智能设备的响应速度与精准程度直接关乎自身与客户的资金安全和使用体验。同时，在智能放贷、风险投顾等领域，当前商业银行、投资银行等所采用的人工智能模型虽取得了初步的成效，但基本上处于起步阶段，还不能说是智能，有点名不副实。要将放贷金额和申请人的金融消费能力，即将资产端和资金端合理匹配风险控制，这种智能匹配方式和模型需要更加庞大和多维的数据予以支撑，也需要升级硬件计算能力予以保障。

在智能金融发展中，随机方法通常用于模拟可能影响金融产品的不确定因素之影响，包括模拟股票、投资组合或期权。通过蒙特卡罗模拟（The Monte Carlo method）等统计方式，得以评估庞大而复杂的金融系统的运转状况，这一做法普遍适用于投资组合评估、个人理财规划、风险评估和衍生品定价。量子计算高算力的出现，有助于在高速变化的金融环境中，对金融衍生品合理定价和对金融风险做出准确预测。

三、监管科技：量子技术助力实现金融监管的根本重构

现行的金融立法旨在提升金融违法违规成本，进而整治金融市场的各类乱象，有效控制金融风险，然而这一设想也需要通过实际应用从而落在实处。我国金融监管的层级化模式和复杂的权力配置体系，也导致金融监管在实际落地时并不能臻于完美，也存在一系列的"灯下黑"问题。从金融风险规制逻辑上看，其逻辑进路逐渐从对引起投资者收益不确定性的要素之规制转化为对投融资者间的信息不对称问题的规制。研判具备信息优势的融资者对处于信息劣势的投资者及其收益的影响，已成为互联网时代金融风险规制的一项重要内容。

金融业是通过管控和利用金融风险来获得收益的行业，一旦消除了金融风险，则从业人员难以通过经营风险、规避风险进而获取利润，也就实际上阻滞了金融业自身发展。现代的金融监管模式并不完全排斥金融风险，而是希望通过建立适当的体制机制来防范和化解重大金融风险的集聚与爆发，对金融风险的可能损失进行控制，使其被容纳于预设的范围之内。在后疫情时代，数字化进程突飞猛进，与此同时金融行业的信息化、数字化也加速推进，个人隐私和金融数据日渐成为金融风险防范和管控的核心。金融业的信息不对称问题日益严重，不仅仅是消费者在面对金融机构的信息获取越来越困难，监管部门亦难以及时获取、无法实时利用所获取的金融数据，当然也无法有效保护个人隐私和数据。金融监管部门通过总结

教训的"事后反思"型监管模式难以应对高速发展的金融领域需要，监管部门需要实时动态地获得包括个人隐私和数据在内的各类金融数据，并加以有效利用。

量子计算为金融监管部门高效利用获取和利用数据提供了可能性，其具备的高算力有助于在金融监管体制中进一步推动监管科技的构建。监管科技是围绕数据聚合、大数据处理和解释、建模分析与预测的一种治理模式，其真正潜力在于以数据为核心，采取有效的数据收集、报告、管理和分析流程完成科技治理。金融科技的大规模发展过程中，逐渐暴露出传统的事后总结经验教训型的监管模式已经无法适应日新月异的环境需求。监管科技使用创新的科学技术实现有效率地监控、转化、遵守监管标准，例如监管者通过统一数据格式、建立兼容的API接口和机读监管机制等提高监管效率。

监管科技强调监管部门实现以数据驱动为核心的金融监管，形成实时、动态、透明的现代化监管体系。通过运用新技术集群，为高效率、低成本的全方位、全过程监管提供了可能。特别是内嵌了区块链技术的"以链治链"型的有机监管路径，更是为监管科技的未来发展指出了可行道路。监管科技的精准度抑或是效率都需要依靠高规格的算力予以实现，当前各政府部门能够提供的算力有限，难以满足完全意义上的监管科技需要，因此量子计算的推出可以实质性提高算力，由此提升监管科技能力，助力国家治理能力和体系现代化。

同时，量子技术推动政府数据联通共享，提高联袂监管的精准度与效率。由于传统的监管机制难以克服因横幅组织机构层级过多、行政链条过长导致的政府间数据传递受阻、不流畅的问题，导致金融监管的整体性受阻。这一传统金融领域的"灯下黑"问题其症结在于政府间数据流通壁垒，而量子技术则是消除这一壁垒的良药。以区块链作为底层技术核心架构，加之分布式账本技术、智能合约和P2P网络技术建立的共识机制需要借力量子技术的超高速算力、隐形传态、远距离通信等特质加以落实，进而实现多级政府组织结构下的政府间数据实时共享。

量子计算的运用，将为监管科技提供可靠且低廉的算力保障，使各类金融监管部门得以大幅度提升针对海量数据的实时处理能力，进而保障监管部门能够实时分析监测破产、流动性及金融机构其他风险因素并迅速予以处理，在必要时对金融市场抑制过度投机和刺破资产泡沫，维护金融市场的整体稳定，将金融风险保持在可控的范围之内。

四、量子货币：货币发展的终极形态？

1. 量子运算对区块链的冲击与挑战

2019年10月24日，习近平总书记在政治局学习中指出，区块链技术应用已延伸到数字金融、物联网、智能制造、供应链管理、数字资产交易等多个领域，要加快推动区块链技术和产业创新发展，积极推进区块链和经济社会融合发展。

区块链技术一般指2008年中本聪所发表《比特币：一种点对点电子现金系统》文中所定义技术及其后续发展所得技术。狭义的区块链技术可被定义为一种按照时间顺序将数据区块以链条的方式组合成特定数据结构；广义的区块链技术更多的是在描述一种去中心化、分布式的运作范式与数据利用模式。区块链通过加密算法、点对点网络、共识算法等相关技术，为交易相对人提供了一种可信、可靠、透明的信任机制逻辑体系，以技术手段创设了虚拟空间上交易双方的互信可能性，从而极度减少交易的费用和复杂度。区块链在原有的社会信任维度上创设了新一级的技术信任维度，其理念与应用模式高度契合数字经济的发展设想。具言之，在区块链的算法证明机制之下，要实现对整个系统中每个节点之间的数据交换过程的参与，不再需要重新建立信任机制，可直接通过点对点网络同步记录的数据实现数据的分布式共享。

区块链的诸多优良特性使得这一技术较早被金融行业所关注，由于所具备的公开透明、难以篡改、分布式存储、可植入智能合约等优质特性，使其被认为是新一代金融市场基础设施的技术雏形。然而区块链技术本身并非完美，可能带来如多节点提供额外攻击通道，大规模交易应对能力欠缺，加密工具被技术攻破的危险性以及公开账本与匿名性的矛盾等风险。同时，区块链作为一项新兴技术与现有的监管技术亦多有龃龉，因为需要从技术促进与技术监管两个角度，通过助推技术提升以及建构数据驱动、技术驱动与技术规制的监管模式来解决上述区块链技术应用问题。即便区块链技术的应用落实有待进一步研究完善，这一技术之于金融市场的重大变革作用仍然无法忽视，在我国发展新基建的关键领域，区块链技术也在各类文件中被纳入新基建的组成部分，在北京等城市的发展规划中均提出要构建以区块链为底层的网络平台设施。

在未来的金融体系中，区块链技术发挥重大而基础的作用几乎无可避免。这一方面来源于区块链技术自身优质的特性能够破除传统金融领域各类弊端的内在需求，另一方面则源于区块链有助于实现监管科技和穿透式监管，有利于对金融监管的准确性和智能度的提升。在未来的金融应用场景中，支付结算与跨境支付、数字货币、供应链金融、股权登记、证券交易、电子商务都可能迎来区块链的大规模应用。考虑到区块链技术逐步被大量应用以及区块链技术的天然弊端，基于金融稳定与风险管理的需要，量子计算技术等变得极为重要。

量子计算这一概念发轫于1982年，由美国物理学家费曼首次提出。随着量子算法的研究不断深入，Shor大数质因子分解算法与Grover数据库搜索算法的提出与完善，在多项式时间内解决大整数分解问题、离散对数问题的量子算法的出现，使得量子计算切实地对当前的密码系统产生了冲击。量子计算的理论突破对当前的公钥密码体系构成了巨大的挑战，在理论上量子算法能破译Diffie-Hellman、RSA、ECC等非对称密码算法，这对现有公钥加密体系的安全性会产生严重冲击。总体上看，区块链被量子计算攻破可能有两个原因：基于POW的共识机制和基于RSA、ECC的加密方式。区块链技术所包含的加密算法是区块链的关键一环，其构成了链上数据真实、可信、不可篡改的技术基础。若是安全性所依赖的技术基础被量子计算所攻克，则上层金融领域所确立的诸多安全架构的实际安全性也就无从谈起。例如当前比特币所使用椭圆曲线数字签名算法（ECDSA），即可使用Shor算法在获取用户公钥的基础上破获所属账户的私钥，进而访问用户账户中的隐私数据，这从整体上威胁到比特币系统的账户安全性。

区块链在社会各个领域具有广泛的应用前景和想象，与此同时区块链技术优质特征的基础尤为重要。而一旦区块链由于量子计算成熟而出现难以弥补的缺陷，可能导致区块链作为信用基础和金融基础设施的理论基础受到冲击。当前已经到了逐步以区块链技术为底层架构，构建新基建和信用体系、金融基础设施的关键时间节点。倘若量子技术的发展进步对金融安全产生严重地冲击，我们必须在此之前就做好充分的准备，将潜在的金融风险尽早压制在可控的范畴之内。不过，当前量子计算只是存在实验室中，并没有被投入社会应用，其真正达到理论与实践上的成熟还需要一定的时间。针对量子技术带来的变革问题，应当保持审慎乐观的态度，从长远看量子运算可能产生的挑战，并逐步做好迎接冲击的准备。

首先，应当明确量子计算突破的只是区块链中的密码学技术，而密码学技术并不是无可替换或无法改进的。量子计算对于密码学的冲击是全方位的，不仅仅是区块链技术，当前使用的诸多非对称加密体系都会受影响。密码学在数千年的发展始终是一个攻击与加密相互制衡、相互发展的学科。量子技术对公钥加密系统的冲击，必定导致在未来量子计算发展成熟后，密码学衍生出新的加密算法与之制衡。况且在现有研究中，量子计算仅对于非对称加密的攻击成效较为显著，而针对对称加密还没有高效的算法，这也为将来应对预留了可能性。与此同时，已有后量子时代的抗量子密码技术的研究出现，美国国家标准与技术研究院（NIST）也在公开征集后量子时代的加密标准（post-quantum cryptography standardization），例如现有能够抵御量子计算攻击的密码体制有基于编码的密码体制、基于格的密码体制LWE（Learning With Errors）、基于Hash函数的密码体制以及基于多变量的密码体制等。也有学者提出量子区块链的设想，研究通过融入量子信息技术改进区块链技术，从而抵御量子霸权。

其次，相比于量子计算，区块链所面临的其他安全性问题可能更为迫切和现实。区块链技术并非完美，其依然存在诸多问题亟待解决。大规模应用区块链技术并非仅仅出于数据安全性的考量，而是区块链本身具备很多与量子计算的庞大算力无关的优质架构。从宏观上看，区块链携带着重大理念创新变革的可能，其中悄然蕴含着巨大的社会应用潜力。近年来针对区块链的研究进路早已不再局限于纯粹而简单的技术层面。区块链能够通过技术与算法在人与人之间重构关系链条，从而构筑新的生产分配机制，在实质上塑造了新的生产关系，进而有助于促进国家治理体系和治理能力现代化建设。从这一角度出发，仅仅因为存在潜在的风险就停滞区块链的应用并不合理。在金融这一相对其他领域革新更快的领域，衡平引入区块链的利弊，当前近乎没有理由因为量子计算的潜在风险就将区块链排除在金融市场基础设施的构建框架之外。这一点同样可以应用在央行即将推出的法定数字货币（DC/EP）上，DC/EP的使命之一是在更高维度上与美国的Libra等货币竞争支付数据流量入口，助力"一带一路"倡议和人民币的国际化大势，囿于未来量子计算的不确定性冲击就停滞是不可取的。

2.量子货币：货币的终极形态?

量子货币本质上是一种基于密码学的数字货币，其在数字货币的安全性的基础上，尝试通过量子不可克隆定理（the no-cloning theorem）解决货币发展过程中长期存在的双花问题。易言之，其通过量子叠加态和量子计算实现了量子防伪技术避免双花，这既不类似于银行的中央账本记账模式，也不同于区块链实现的分布式账本模式。量子货币通过叠加态的量子比特形式实现信息存储，其能够保存远比经典比特丰富的信息，并且这些信息无法被精确测量。由于量子被观测就会坍塌，而观测量子货币中的内容是复制量子货币的前提，因此量子货币一旦被观测就会坍塌的特性，从根本上杜绝了他人获取货币全部特征从而伪造货币。

正因如此，量子货币在使用上并不如传统货币或者数字货币简单快捷。早期的量子货币在使用之前需要持有者和银行进行确认方能使用，局限性较大。量子货币根据其验证真伪的方式可以分为私钥量子货币系统和公钥量子货币系统。在私钥系统中，只有银行可以验证量子货币的真伪性，而公钥系统中则更为开放，允许银行以外的满足条件的机构验证量子货币的真伪。第一个公钥量子货币方案由Aaronson在2009年提出，其认为量子公钥方案中，算法除了能够产生量子货币之外，应当保障任何人在满足条件的情况下都可以验证量子货币的真伪性，而这一验证并不能让验证者有复制货币的可能性。从金融发展的角度来说，若量子货币的使用需要与银行多次交互，虽然保障了金融货币的安全与稳定，但流动性严重受损必定导致量子货币无法成为泛用的金融模式。若希望最终投入大规模使用，最终的公钥量子货币方案在保障安全性的基础上，必须满足金融高流动性的客观需求。

早期量子货币每次使用都需要交易时收款人与发行货币的中央银行交互通信以验证货币真伪，量子货币仅能使用一次，验证后货币即消失。正因如此，这种量子货币被戏称为"地铁通行证"。后续的发展过程中，提出了多个量子货币的优化设想，从早期的"通行证"变为能够多次使用的"量子硬币""量子钞票"或"量子支票"，只是当前的研究并未解决全部的问题，只是在某一个缺陷处做出理论上的突破。量子货币的发展仍需时日以待其成熟，能够从实验室走向实践之中。同时，量子货币的发展趋势并不能说明其需要对标传统的纸质货币。以量子比特储存信息这一设想与中心化的架构并没有必然的关系，量子区块链与量子比特币的提出也从侧面说明了量子货币不应囿于中心化系统的窠臼，反而可以去迎接去中心化、分布式系统的发展趋势。如果未来有一天量子货币达到成熟，或许人们依赖现有的研究很难明确其究竟是何种形式。

虽然量子技术还无法完全支撑量子货币走向实践，量子货币理论也存在一定的瑕疵，但量子比特存储信息用以构造货币的可能性始终存在，量子货币所独有的优势也是不容置疑的。量子货币的构想并非无的放矢，有自身的内在逻辑进路。信用货币的发展历史是货币形态不断改进的历史，即从原有的金属货币发展到纸币，再从实体货币发展到电子货币、数字货币，在这一发展过程中调节了货币自身的样态，使其更契合金融发展的内在需求，更有利于如中央银行等监管部门的调控需求和国家的政策需要。数字货币的发展势头极为迅猛，在20世纪六七十年代才提出关于数字货币的设想，中本聪发表关于比特币的论文才不过10年有余，但已经出现了Libra等吸引多方关注并可能冲击国际金融市场的加密货币。然而，就目前看数字货币也存在着诸多不足，例如加密货币的"不可能三角"就还没有一个完美的解决路径。央行此前在考虑DC/EP发行时，也由于区块链技术的并发数限制而没有明确采取区块链技术作为底层架构。当前的数字货币模式不会是货币发展的终点，未来一定会有更优秀的量子货币出现。综合对比量子货币与数字货币，虽然目前的量子货币显得非常不成熟，但依然有着例如严格防止复制货币导致双花等金融市场所迫切需求的特性。量子货币在未来投入使用时也需要经历这个过程，金融市场可以通过应用监管沙箱等机制，将量子货币发行的影响控制在一定范围之内。

货币的发展是其法律性质不断适配各类货币铸造、货币防伪技术的过程，人们无法创设最为理想的货币，而是只能在技术允许的范围内不断逼近极限。在这一过程中，技术的变革起着引领作用，而法律对货币性质的调整是后随的。即是说，为了保证货币恰当履行职能而在法律上赋予货币特定私法性质以满足需求。传统的货币囿于其自身作为交易媒介、支付工具等特殊性质，致使货币在私法上仅能成立所有权而无法在保有所有权的前提下为他人所占有，这种异于其他动产所有权的方式也被称为货币的"占有即所有"规则。进入法定数字货币时代，法定数字货币基于其技术优势得以突破传统货币形态的囹圄，在提高支付效率与安全性的基础上，动摇了传统货币法律实践中所订立的规则。例如货币国家理论基于自身对货币法偿性的严格限制，致使其难以将法定数字货币这一新样态涵盖其中，而反致这一理论自身需要结合法定数字货币的特点予以调整。未来货币形态的变革或许会对目前已有的规则进一步冲击、颠覆，这导致在研究货币发展时难以全然援引当前的规则，而需要结合实践中出现的新风向加以思考。笔者根据自身深入参与区块链政务项目的实践，针对货币未来的发展模式提出了"共票"理论。共票是区块链上集投资者、消费者与管理者三位一体的共享分配机制，聚焦于数据的赋权、赋能，在数字经济时代将数据的核心地位予以凸显，通过区块链技术在推动数据进一步流通的基础上赋予数据类似于货币（或是票据）的属性。"共票"与数据嵌合的模式有效解决了关键数据被标识、定价的困局，即特殊数据被单独标识，并在不断使用、交换、再使用、再交换的循环中以单一匹配的"共票"作为定价工具在公开交易市场中实现价值发现的功能。基于共票理念下的数据分享与再分享，数据不再是一次性的交易品，而得以通过"共票"在数据流通中完成价值实现以回馈初始贡献者，这与国家在明确数据作为生产要素后所提出的建立数据要素交易市场的大方向全然一致。量子货币自身内蕴的数据信息，既可以作为货币的独特标识，也可以回归本质，将其视作流通数据。随着量子货币技术的发展，货币一经验证后货币即消失的限制被逐步规避，量子货币的流通过程也就是其内蕴数据不断流通的过程。在技术条件允许下，如果能够明确量子货币价值与其中数据信息的映照关系，即是将数据这一主体纳入了量子货币的核心范畴。若此，数据就并非是不可流动之物，得以在技术帮扶下成了一种具备流通性与价值实现可能性的"货币"，这既契合了笔者所构想的"共票"理论，也遵循了数据作为数字经济时代核心要素的发展规律。

随着数字技术的不断发展，人类所能掌控的算力呈现指数级扩大趋势。数据的重要性在数字经济时代进一步凸显，人类迫切需要借助算力去分析、处理金融数据，进而挖掘海量金融数据中所蕴含的经济价值与非经济价值。在映射技术进步的背景下，货币形态不断变迁，人类对算力的需求日益扩展，未来人类必定会研发出一种更加强大的运算工具，量子运算就是可能性之一。若依靠量子运算提供算力成为主流，当前加密货币的诸多安全性前提都会被颠覆，金融市场或许会拥抱一种更为先进的货币形态，最终导致人类社会过渡到量子货币的时代。

五、余论

数字时代已经到来，而新冠疫情的发生进一步促使数字经济向更深更广的领域迈进。各类数字普惠金融平台蓬勃发展，逐步变为金融领域的"毛细血管"，有力补充了传统的金融模式。在这一过程中，各个数字普惠金融平台越发注重其用户数据的潜在价值，通过分析历史经营、支付、守约和企业工商、税务等多维度数据，金融平台能够构筑模型精确测算不同用户的授信额度，即便在疫情期间也提供稳定且精准的金融服务。金融与科技的深度融合已然成为我国未来金融发展的必然趋势。

中共中央、国务院在2020年4月发布的《关于构建更加完善的要素市场化配置体制机制的意见》中，提到要求加快培育数据要素市场，彰显出数据作为数字经济时代出现的生产要素越发受到关注。数字经济时代最根本的命题是"数据成为生产要素"，而这一命题的复杂性远远超过工业革命时代的石油、煤矿，甚至资本。大量数据的集合是实现数据大生产的根本性前提。从工业经济时代到数字经济时代，数据逐步成为市场竞争的核心要素和法律客体，数据凭借其特殊性与传统工业经济时代的土地、石油、劳动力、技术、资本等生产要素明显地区别开来，由于生产要素的更替变革，如何以更高效率、更低成本、更佳组织方式和利益分配机制来实现数据价值则成为亟待研讨的核心问题。如何更好地利用数据，如何挖掘数据中蕴含的价值，亟待学者们研究与探索。《民法典》的出台，针对数字经济产生的大量新的民事权利主体与客体，针对数据、个人信息和数字货币等网络虚拟财产催生的新型权利的需求做出一定回应，也使《民法典》得以转变为数字文明时代的《民法典》。

量子技术或是数字经济发展到一定规模后的应然产物，其能够满足数据成为生产要素后日益增长的运算工具需求。应当明确量子计算提供的强大算力成为未来数字经济时代的高效生产工具的可能性，从而更好、更快地挖掘数据内蕴的价值。宏观上看，量子技术的先期应用，例如量子加密通信增进金融业信息传输安全、量子计算保障智能金融发展、量子技术助力金融监管体制机制完善，虽然影响与冲击了金融业界的发展模式与监管模式，但这仅仅是量子计算所带来的算力提升的先期产物。随着数字经济的发展与数据的大规模利用，量子技术的发展不可能停滞不前，作为未来可期的金融科技，其被用作改造金融市场进而消除金融市场中的顽疾，如同当代援用区块链构建金融市场基础设施、改造金融市场一样具备合理性与应然性。

区块链在推动数据共享的同时，也逐步发展出一套基于数据的确权与赋权所建构的崭新利益分配模式，从而保障数据提供者、数据收集者、数据消费者、政府部门都能基于贡献程度多元共享数据衍生利益。然而，数据汇集、确权方是数据利用的肇始，数据价值分配是数据利用的终末，这之间挖掘数据内蕴价值的环节也是核心所在。数据具体的利用成效无可避免地需要依靠高算力去挖掘内在信息、获取潜在价值。随着区块链技术在未来金融业中的不断应用，数据在未来金融市场中的流动性也会更强，可供使用与分析的数据呈现指数级扩张，到那时金融市场重点会从如何聚合金融数据回到如何高效运用金融数据，此时量子计算就可能提供所需的解决方案。

究其根本，量子技术对于金融行业的影响是数字经济背景下算力扩张所带来的必然影响，只是这一影响基于量子计算这一技术被切实地反映到了现实中。若认为区块链形塑了与数字经济相适应的生产关系，那么愈加重要的数据应用需求将导致人类不断改造生产工具，保障数据处理能力得到满足，而量子计算就是这一生产工具的备选项之一。

本着对数字时代的尊重、对科技变革的敬畏，金融业界不能故步自封、墨守成规，应当正视创新与变革，积极主动尝试通过量子技术从各个维度优化金融市场。金融和科技的融合创新始终是金融发展进程中的重要内容和典型特征，量子技术的发展也不例外。

作为未来的金融科技，虽然量子技术的发展必将对金融行业产生前期冲击和变革，但量子技术的进步会为数字经济时代带来新的生产工具，而金融行业应当是新生产工具广泛应用的极大受益者之一。当然，量子技术的发展仍有待时日，即便是作为未来的金融科技，依然需要这一技术继续发展直至成熟。

本文针对量子技术对金融行业的影响与挑战做了一定分析，但依然有诸多问题难以在当下明确。量子技术什么时候才能在金融业内广泛应用？除量子信息传输之外的其他先期应用场景如何明确？量子货币是否会有新的理念革新与技术突破？这些问题现在并没有明确答案，需要留待量子技术这一未来的金融科技进一步发展，方能更深一层加以探讨。

来源：《人民论坛·学术前沿》

量子计算的金融应用：急不得、慢不得

车　宁　彼得·格兰迪

任何足够先进的技术都等同于魔术。

——阿瑟·C.克拉克，作家

人类精神必须凌驾于技术之上。

——阿尔伯特·爱因斯坦，科学家

　　如果说在之前的采集社会、游牧社会和农耕社会，科技还只是发挥工具作用，那在工业社会及以后的现代文明中，科技则雄踞经济金融舞台的中央，其作用已然超越于"器"而进阶为"道"，不但是生产的推动力量，而且是经济的组织力量，这在数次科技革命的波浪式推进中也可窥见一斑。

　　然而与过去辉煌历史相比略显尴尬的是，科技已经长时间没有

　　车宁，北京市网络法学研究会副秘书长。彼得·格兰迪（Peter Grandich），美国Hiker Pi公司高级技术专家。

取得与蒸汽、电气时代相提并论的重大突破，被冠以"新"革命希望的技术虽然林林总总，但或者只是在地平线上摇曳闪烁，或者即使落地也成果寥寥。而当前世界范围内经济增长的疲软以致民粹主义的泛滥，一定意义上也正是肇因于此。

于是就有了各种对科技的"戈多"（Godot）式等待，而就在这种等待中姗姗来迟的科技往往又具有了预言乃至玄学色彩，等待本身也异化为信仰。比如在10余年前就开始走俏学界业界的区块链，其分布式架构、密码学技术在真正形成生产力前就已然在原教旨自由市场经济学加持下狠狠收割了广大"韭菜"，其不良影响至今未能完全消弭。

区块链尚且如此，更何况量子计算，相比前者，后者不仅在理论上与普朗克、薛定谔、爱因斯坦等一众大牛息息相关，在成果上也可算是原子弹、计算机等历史性应用的堂亲，甚至在文化层面上，测不准、量子纠缠等概念早已随着科普读物、科幻小说而为公众所熟知，就连宗教人士也津津乐道于量子力学对经典物理的"颠覆"。

然而玄学不是科学，更不能替代科学，科学唯有与生产结合才能真正释放其巨大作用。习近平总书记在中央政治局第二十四次集体学习中强调，当今世界正经历百年未有之大变局，科技创新是其中一个关键变量。我们要于危机中育先机、于变局中开新局，必须向科技创新要答案。要充分认识推动量子科技发展的重要性和紧迫性，加强量子科技发展战略谋划和系统布局，把握大趋势，下好先手棋。

　　不管是从历史经验、现实需求或从国外布局来看，金融都将是量子科技的重要应用场景，两者的结合有望革命性地提升金融服务的可得性、精准性和安全性，更好地满足实体经济需要，加速数字经济的到来。然而一如著名发明家、作家巴克明斯特·富勒所言，人类正在学会各种正确的技术，但都是出于错误的理由。互联网金融泡沫的"殷鉴不远"，在谋划量子计算金融应用的过程中，我们既需要热情拥抱，更需要冷静分析。

量子计算真正改变了什么

　　与一般认知不同的是，量子计算的革命性突破固然表现在算力的成倍增长，更体现为算法的颠覆改造。1981年，著名物理学家费曼（Feynman）在麻省理工学院举办的第一届计算物理学大会上历史性的演讲中描绘出基于量子现象实现计算的前景。四年之后，英国牛津大学教授多伊奇（Deutsch）首次提出了量子图灵机的构架，量子计算开始具备了数学的基本形式。量子计算和现有计算框架的根本性区别在于将计算的物理基础从分子层级（电子运动）上升（或下降）到粒子层面，即物质的源头（粒子是构成一切物质的最小单元，即万物的本源）。

量子计算的基础是作为物质最小单元粒子的不确定性，可以以"既是 A 又是 B"（既是 0 又是 1）的叠加态形式存在，当一个系统中存在 n 个粒子时，其可以承载 2^n 个状态。与此相应，量子计算的运行模式是对每种可能的状态都以并行的方式演化（a.k.a. 幺正演化，微观过程中的物质不灭原理），这是真正意义上的并行处理。这一模式的震撼之处在于，假设 n=500，2^{500} 就比地球上已知的原子总数还要多，因此至少在理论推导的层面，量子计算彻底摆脱了宏观世界中物质（硅）的空间限制。

在量子计算讨论中时常遇到的另一个概念是量子纠缠，这是基于微观世界的另一种物理现象，即两个暂时耦合的粒子，不再耦合之后彼此之间仍旧维持关联，即使两者相距甚远。2017 年 6 月 16 日，量子科学实验卫星墨子号首先成功实现了两个量子纠缠光子在被分发到相距超过 1200 公里的距离后仍可继续保持其量子纠缠的状态，量子计算就此可通过先创造一个多体纠缠态来实现。因此，在量子计算的体系结构里，量子纠缠扮演了很重要的角色。

硬件领域，量子计算或量子计算机的实现需要一个载体或一个结构将多个粒子相互关联起来，并对量子信息储存单元（量子位元，又称量子比特。本文以下均以量子比特指称）进行操作。这个物理载体被形象化地称之为"量子芯片"，其核心就是产生"相干"的粒子（可简单理解为相互干扰的粒子）。目前尝试实现量子芯片的路径有超导、拓扑、硅量子点、光量子、离子阱等多种方式，但每一种方式还都存在着从理论上的可能性到实际落地的巨大鸿沟。

让粒子能够运算还必须要有量子线路，即对量子位元进行操作的线路。不同于古典电路中用金属线所连接以传递电压讯号或电流讯号，测量的是电子的变化；在量子线路中，线路是由时间所连接，亦即量子比特的状态随着时间演化，通过量子逻辑门操作量子位元（逻辑门是集成电路中的基本组件），使量子比特的状态向指定方向改变；最后，通过量子测量读出所有粒子的状态就是需要的计算结果。

以上简单介绍了和量子计算相关的概念。正如从经典物理到量子物理是理论框架从宏观到微观的跨越，从传统计算到量子计算也是计算架构从分解到求解的飞跃。我们固然已经可以看到算力成百上千倍的增长的曙光，它将击破我们很多现有的思维框架，变"不能为可能"，但这一天事实上还没有真正来临。

量子计算金融应用急不得

每年，IBM全球实验室（IBM Research Lab）都会展示五项重大技术突破并进行前景预测，他们相信未来五年内这些技术将从根本上重塑商业和社会。而量子计算正是2018年发布的五项技术之一，"今天，量子计算是研究者的舞台。五年后，它将成为主流"，其当时如是说。

2019年10月，谷歌公司研究团队研制了一个包含53个有效量子比特的处理器"西克莫"，并在《自然》（*Nature*）杂志上发表。在测试中，这一处理器仅用了百余秒时间就完成当前全球最好的超级计算机需要约1万年才能完成的计算任务，这也就是被美国各种宣传的"量子霸权"（量子计算相较于传统计算的颠覆性）的由来。

然而现实的残酷性在于，无论是IBM预测的2023年量子计算机进入大规模的商用，还是谷歌宣传的量子计算对传统计算的碾压，都无法改变一个现实，即能够进行通用计算的量子计算机时至今日都还不存在。所有已知的量子计算机都还是只能解决特定的问题。形象地说，它也许可以处理数理方面的世界性难题，却仍然运行不了一个看似简单的财务软件。

从硬件实现路径看，目前比较领先的技术是超导（IBM与谷歌均走的是超导路径），这意味着量子计算只能在近乎绝对零度的状态下进行。因此，除非另一种技术路径快速取代超导，量子计算机的实现还有待常温超导材料的突破。而高温超导现象虽然在20世纪80年代即已在实验室中被发现（几乎与量子计算同时起源），但直到今天室温超导材料仍然遥不可及。

再者，量子计算机固然具有极高的并行能力以及其以指数级增长的特性，这相比经典计算机当然具有无可比拟的优势。事实上，上述前景的诱惑是如此巨大，不仅让商业公司着迷，也让国家政府参与到这场"军备竞赛"中。2016年，欧盟宣布启动11亿美元的"量子旗舰"计划；2018年，美国通过了《国家量子计划法案》，计划投资12亿美元用于促进人工智能和量子计算的发展；2019年8月，德国启动总金额为6.5亿欧元的国家量子计划。我国也在量子计算相关领域投入巨大，包括发射量子通信卫星墨子号等。

　　然而这一切都是着眼未来。需要清醒意识到的是，量子计算对当前计算基础设施和框架的破坏性影响都还只是沙盘推演。如前所述，量子计算首先需解决通用性的问题，计算机技术之所以会引发第三次工业革命浪潮，是其从象牙塔里走出来，面向普罗大众，特别是1981年IBM推出个人电脑（Personal Computer，即我们所熟悉的PC），从此一发不可收拾。类似地，量子计算机目前还只是科学家手中的"玩具"，虽然已经在定向解决某些世界性的计算难题上（如大数分解、复杂路径搜索等）展现了经典计算机无可比拟的优势，但还没有能实现通用的计算架构，这就好比能用来造火箭却不能造汽车。

　　特别需要注意的是，在有关量子计算的介绍中，经常会提到"在量子计算的加持下，现有的密码体系秒破"等，这种观点未免失之偏颇。要知道，量子计算的本质是提供超强的算力，技术是中性的，本身并不会选边站，材料好了，矛尖盾也固。因此，量子计算虽然会带来诸多革命性的变化，会影响到经济和社会的很多层面，但这种变化仍需假以时日。

最后，安全也是量子计算介绍中一个被津津乐道的话题，在这个信息泛滥而确权滞后的时代，声称再无"窃听风云"无疑吸睛满满。大家期盼，由于量子通信的一次一密随机加密方式以及量子世界中的任何观测多会对系统本身造成扰动（不确定性），因此任何窃听都会被发觉。然而，这一切都是理想化、孤立看待量子计算，在一个存在噪音的环境中，量子计算的优势也可以被利用。

2019年12月，国际著名物理期刊《应用物理综述》发表了一篇题为《破解量子密钥分发的激光注入式攻击》的论文，量子通信的安全问题由此再度引发关注。该论文通过实验显示，黑客可以把微弱的激光注入量子密钥分发（QKD）的发射光源从而导致QKD信号强度增加；并进一步在理论上证明了QKD信号强度的意外增加会严重影响QKD的安全性。

2020年5月，法国国家网络安全局（ANSSI）也发布了一份题为《应该将量子密钥分发（QKD）用于安全通信吗？》的重要技术指导文件，认为QKD仅有理论上的优势，应用范围极为有限而且实际安全性差。

在国内，也有相关研究（上海交通大学研究团队）指出，量子加密远不如理想中的可靠，它能够被攻破原因正是其本身就存在物理缺陷。

可以预见，随着量子计算的热度越来越高，其安全性方面的漏洞将不断被发现。这本身并不意外，恰恰说明一项技术的发展，都要经过补漏的过程。量子计算自然也不例外，其从不可靠到可靠，还有很多障碍需要克服。

量子计算场景预研慢不得

以上对于量子计算落地应用目前缺陷的分析固然"冷酷"，但冷酷是为了冷静，分析是为了应用。事实上，在现代金融体系中，产品的结构已是越来越复杂，特别是随着数量经济学的发展，计算机已经成为金融产品和工具中不可分割的部分，部分数据的处理甚至需要超级计算机的引入。不仅如此，随着数据对金融影响的深入，量子计算甚至可能改变金融业务及安全风控的底层逻辑。对于下列需要大量算力加持的金融领域，量子计算无疑有望成为具有决定性作用的胜负手。

一、来自深度机器学习的智能金融

智能金融这一概念的应用较为宽泛，难以清晰地定义其范畴或内涵，它更多泛指人工智能在金融领域中的应用，智能客服、智能营销、智能风控、智能信贷、智能投顾等都是智能金融的表现形式，但其真正成功的运营模式无一不是以深度机器学习为基础。金融数据具有复杂、高维度、低价值纯度的特点，这对机器学习本身就是一个巨大挑战。加上金融行业特有的时效性，计算资源的约束已然是限制智能化发展的主要因素之一。而量子计算正有可能为智能金融插上起飞的翅膀。

二、数字货币流通中的权属登记

从公开披露的信息来看，定位于现钞 M_0 的数字货币在流通中，支付、结算、清算三者合一，因此任何一次交易都会有权属登记的改变，这和现行的账户间清算的方式有很大的不同。一旦其应用场景从跨境、对公领域延伸至零售领域，特别是发生对移动电子支付的规模性替代，数字货币流通中对数据处理量、时效性乃至于安全性的技术需求都会有巨大增长。可以想见，量子计算将在各国数字货币基础设施的建设中起到举足轻重的作用。

三、依赖爆发性算力的算法交易

这类交易特指根据交易策略模型及实际行情信息进行计算并根

据结果自动执行二级市场交易工具或品种。在实践中，其优势是以毫秒甚至微秒来体现，尤其是在高频的情况下。量子计算所代表的算力让很多现在的不能成为未来的可能。事实上，现在的交易策略之所以越来越具有所谓"简单之美"，也正是因为算力的补助。

四、对金融安全算法的影响及抗量子威胁

作为一种安全手段，加密在金融产品和服务中具有广泛的应用，如基于RSA密钥的安全工具U盾、K宝等就已被广泛用于用户身份乃至交易意愿的认证。然而在未来量子计算的"威胁"下，目前许多正在使用的密码学标准都已不够安全。正是在这种未雨绸缪的意义上，"后量子密码学"在相关研究中出现的次数日渐频繁，在实践讨论中也逐渐走俏。

为对抗隐然成型的量子威胁，增强金融安全的解决方案包括利用加密算法增加复杂性，驱使方案运行时间的指数级增长，直到创建对于量子计算机而言都有难度的新型加密方法，而在这其中比较引人瞩目的是所谓的"格密码"。

"格"是一种数学结构，其理论研究源于开普勒在1611年提出的所谓的"格困难"问题（LWE）：即在一个容器中堆放等半径的小球所能达到的最大密度，而在多维空间如果所有的球心构成一个格，

找到球的最大格堆积密度和最小格覆盖密度问题是非常困难的。目前格密码的发展方向包括基于格的零知识证明、格同态加密、格公钥加密、格签名等，部分研究已经开始进入商用阶段。

量子计算发展需多方携手

在前述中央政治局第二十四次集体学习中，习近平总书记将发展量子计算提高到国家战略高度，并要求健全政策支持体系，保证对量子科技领域的资金投入，带动地方、企业、社会加大投入力度，加强国家战略科技力量统筹建设，完善科研管理和组织机制。从目前情况看，虽然我国在量子通信相关领域处于领先位置，但在量子计算其他方面的积累却还处于相对薄弱甚至滞后的阶段，仍须奋起直追。展望未来，量子计算发展意义重大且任重道远，需要政府、专业机构、企业等多方携手，群策群力。

对政府来说，既需要驱逐"劣币"，更需要培植"良币"。量子计算在技术上前景与缺陷并存，应用上泡沫和意义同在，为不至于重蹈前期部分金融业务"先发展后治理"而给国家及公众带来重大损失的覆辙，政府首先需要完善政策法规体系，对以量子计算等为名的非法金融活动重拳打击，对量子计算之于国家信息安全、公民隐私保护的影响提前予以规范。

此外，量子计算是一个高投入、高风险的领域，技术路径上目前也属于多头并进的阶段，这就需要政府组织相关机构及时开展全局分析，早日明确顶层设计。在此基础上，既要用好传统科技机制动员快、集中力量办大事的优势，又要探索适应量子计算产学研协同发展的新型研发机制，注意发挥市场的主动性。

对专业机构来说，关键是发挥纽带作用，凝结各方智慧。技术从实验室到市场，需要实现从理论模型到原型应用，从原型应用到实际场景的多次跳跃，其间必然需要各类机构发挥各自优势，当好现象级应用落地的"接生婆"。科技机构除了要在中西充分交流基础上做好基础研究外，也要以"问题"为导向，注意与企业、市场的结合与资源互补。

科研机构之外，行业协会、新型研发机构等也各有用武之地。量子计算投入巨大，如何控制成本、找准方向很大意义上是项目成败的关键。政府的顶层设计、法律制度固然勾勒了技术及其应用的框架，但更细节的指导如标准建立等还需要行业协会的作用。在传统高校、科研机构推进基础研究之外，也需要与市场、资本联系更为紧密的新型研发机构在场景本地化上一展所长，使量子计算相关成果不仅能用，而且好用。

对金融机构、科技企业来说，不仅要前瞻布局，更要深度参与。如前所述，金融业务是受量子计算发展影响比较大的领域之一，一方面，量子计算所带来的算力增长为开发新的金融服务和产品带来了无限可能性；另一方面，量子计算对现有安全体系的冲击绝不可忽视，金融机构唯有早作布局应对，才能从容面对危险。

更为关键的是科技企业及其背后的投资机构。历史的正反经验充分说明，技术能否真正孕育成熟走向生产，固然需要象牙塔，更需要市场化。当前，量子计算从软体到硬件诸多发展路径仍不清晰，充满挑战的同时也不乏重大商机。并且正是在敏感的市场信号调节下，量子计算应用才能走出可持续发展之路。事实上，我国企业的量子研究已然起步，如华为建设有量子计算云平台，阿里完成了可控量子比特研发，本源量子发布了分布式含噪量子虚拟机，翼帆数科开始对格密码进行产品孵化等，然而与国外同行相比仍有差距。立足如此广阔的中国市场，期待更多企业能投入历史洪流，在量子计算特别是其金融应用有所斩获、有所贡献。

编辑后记

十九届中共中央政治局第二十四次集体学习时强调，当今世界正经历百年未有之大变局，科技创新是其中一个关键变量。我们要于危机中育先机、于变局中开新局，必须向科技创新要答案。要充分认识推动量子科技发展的重要性和紧迫性，加强量子科技发展战略谋划和系统布局，把握大趋势，下好先手棋。

在此背景下，为帮助广大党员领导干部深入了解量子科技的内涵和世界量子科技发展态势，我们选取权威专家学者的重要文章，围绕量子科技的认识、应用、趋势，从不同的角度进行深入分析和学术探讨，希望能够帮助广大党员领导干部深入理解量子科技的现状与未来。

成书过程中，各位专家学者不仅大力支持，还在繁忙工作之余及时更新、修订，在此谨表诚挚谢意。感谢南京大学物理学院骆叶成博士，在本书编辑过程中提供的专业学术支持与帮助。

同时，对于量子科技这一新兴事物和学术前沿，各位专家从各自角度进行了讨论，有些观点存在较大差异，这也恰好说明了学术界和实务界的百花齐放，百家争鸣。

敬请各位读者批评、指正。